"十二五"普通高等教育本科国家级规划教材

测试技术实验教程

王明赞 孙红春 韩 明 编

张洪亭 主审

机械工业出版社

本书重点介绍机械工程测试技术实验方面的基本原理和实用技术。全书按照测试技术背景知识的结构安排顺序，首先介绍工程实验的设计及其技术文件的编制，说明文件的格式、内容和基本要求；然后介绍与测试技术实验密切相关的内容，包括数据处理和误差分析、测量系统的性质、传感器的应用、测量信号的采集与分析、力参数和振动参数的测量、旋转机械的运行监测和故障诊断等，其中穿插了 20 个实验项目的指导书。实验内容主要包括测量系统特性的仿真、传感器的性能试验及应用、基于 LabVIEW 的虚拟仪器设计、力和振动参数的测量、转子动平衡等。最后介绍了测试技术在工程中的应用。

本书主要作为高等学校机械类专业机械工程测试技术、传感器与测试技术课程的实验教材，也可作为测控等专业的实验教材。对于与机械工程测试技术有关的工程技术人员也有参考价值。

图书在版编目（CIP）数据

测试技术实验教程/王明赞，孙红春，韩明编.—北京：机械工业出版社，2011.7（2021.6 重印）

"十二五"普通高等教育本科国家级规划教材
ISBN 978-7-111-35002-6

Ⅰ.①测… Ⅱ.①王…②孙…③韩… Ⅲ.①机械工程—测试技术—实验—高等学校—教材 Ⅳ.①TG806-33

中国版本图书馆 CIP 数据核字（2011）第 108426 号

机械工业出版社（北京市百万庄大街 22 号　邮政编码 100037）
策划编辑：刘小慧　责任编辑：刘小慧　徐鲁融　张利萍　邓海平
版式设计：霍永明　责任校对：申春香
封面设计：张　静　责任印制：邰　敏
北京富资园科技发展有限公司印刷
2021 年 6 月第 1 版第 2 次印刷
184mm×260mm・5.75 印张・120 千字
标准书号：ISBN 978-7-111-35002-6
定价：19.00 元

电话服务　　　　　　　　　网络服务
客服电话：010-88361066　　机　工　官　网：www.cmpbook.com
　　　　　010-88379833　　机　工　官　博：weibo.com/cmp1952
　　　　　010-68326294　　金　书　网：www.golden-book.com
封底无防伪标均为盗版　　　机工教育服务网：www.cmpedu.com

前　言

测试技术是与工程实践密切相关的课程，不但要求有广泛的背景知识，而且还要求有良好的实验技能。学习中必须把理论学习与实验密切结合起来，才能为将来的实际工作打下坚实的基础。

为了帮助实验课程的学习，特编写本实验教程，作为测试技术主教材的辅助和补充。本书简要介绍了与实验最为密切的几项基本知识和原理，包括技术文件的编制、误差分析、测量系统的性质和有关的实验原理。

本书介绍了20项教学实验，主要包括传感器的原理及应用、测量系统的仿真、力和振动参数的测量、转子的振动测量和动平衡技术等内容；还简要介绍了3项工程实验，包括轧机的轧制力和转矩的测试、车辆载荷谱的测试。从教学的角度，每项实验用2学时，这些实验可分为基本实验、设计和创新型综合性实验、虚拟实验和课外科技实验。

实验顺序的编排以测试技术课程的教学大纲为主线，配合测试技术理论描述的层次。

本书第4、6章由韩明编写，第5、8章由孙红春编写，其余由王明赞编写；全书由王明赞统稿，张洪亭主审。

由于编者的能力有限，书中难免存在错误和不足之处，恳请各位专家和读者给予批评指正，不胜感谢。

编　者

目　录

前言

第1章　工程实验的设计及其技术文件的编制 ··············· 1

1.1　实验报告的编写 ············· 1
1.1.1　实验目的 ············· 1
1.1.2　实验设备及材料 ············· 1
1.1.3　实验原理 ············· 1
1.1.4　实验方法及实验数据 ············· 1
1.1.5　实验分析及结论 ············· 2

1.2　工程实验项目的程序 ············· 2
1.2.1　确定实验目的 ············· 2
1.2.2　实验设计 ············· 2
1.2.3　实验系统的构成和开发 ············· 3
1.2.4　明确安全操作规范 ············· 3
1.2.5　数据采集和数据分析 ············· 3
1.2.6　数据解释和实验报告 ············· 3

1.3　工程实验程序的正式报告 ············· 4
1.3.1　题名页 ············· 4
1.3.2　摘要 ············· 4
1.3.3　目录 ············· 4
1.3.4　综述 ············· 4
1.3.5　绪论 ············· 5
1.3.6　设备和步骤 ············· 5
1.3.7　结果 ············· 5
1.3.8　讨论 ············· 6
1.3.9　结论和建议 ············· 6
1.3.10　参考文献 ············· 6
1.3.11　附录 ············· 6

1.4　技术备忘录 ············· 7
1.5　投标书 ············· 8
1.5.1　概述和背景 ············· 8
1.5.2　投标计划、研究方法和工作范围的描述 ············· 8

1.5.3　任务描述、进度、成本、人员和能力 ··· 8

第 2 章　数据处理和误差分析 ··· 9

2.1　测量误差的分析 ·· 9
2.1.1　误差的基本概念 ··· 9
2.1.2　测量不确定度的分析方法 ··· 10
2.2　测量系统的校准和曲线拟合 ··· 11
2.2.1　校准 ·· 11
2.2.2　曲线拟合 ·· 11

第 3 章　测量系统的性质 ··· 13

3.1　测量系统的基本性质 ··· 13
3.1.1　测量系统的静态特性 ·· 13
3.1.2　测量系统的动态特性 ·· 13
3.2　测量系统特性的仿真 ··· 14
3.2.1　实验 1　采用 MATLAB 的动态仿真 ····························· 14
3.2.2　实验 2　测量电路的 Multisim 仿真 ····························· 17

第 4 章　传感器的应用 ·· 20

4.1　传感器的定义和分类 ··· 20
4.2　传感器的性能实验 ·· 20
4.2.1　实验 3　应变计电桥性能的测试 ·································· 21
4.2.2　实验 4　涡流传感器静态特性的测试 ···························· 23
4.2.3　实验 5　电容传感器静态特性的测试 ···························· 25
4.2.4　实验 6　压电传感器的测试 ·· 26
4.2.5　实验 7　霍尔传感器静态特性的测试 ···························· 27
4.3　传感器的应用 ··· 28
4.3.1　实验 8　箔式应变计在电子秤中的应用 ························· 28
4.3.2　实验 9　霍尔传感器在电子秤中的应用 ························· 29

第 5 章　测量信号的采集与分析 ··· 30

5.1　计算机数据采集与分析系统 ··· 30
5.1.1　计算机数据采集系统 ·· 30
5.1.2　信号的时域和频谱分析 ··· 31
5.2　虚拟仪器的设计 ·· 32
5.2.1　虚拟仪器概述 ·· 32
5.2.2　实验 10　基于 LabVIEW 的虚拟仪器的设计 ················· 32

第6章 力参数和振动参数的测量 ·· 42
6.1 力参数的测量 ··· 42
6.1.1 实验11 电阻应变计的安装 ······································· 42
6.1.2 实验12 静态应变测量 ··· 43
6.1.3 实验13 传动轴转矩的标定 ······································· 45
6.2 振动参数的测量 ·· 46
6.2.1 振动测量基础 ··· 46
6.2.2 实验14 悬臂梁振动参数的测量 ································· 50
6.2.3 实验15 采用不测力法的简支梁振动测试 ······················ 51
6.2.4 实验16 采用测力法的简支梁振动测试 ························· 54
6.2.5 实验17 拉索负荷的测试 ·· 56

第7章 旋转机械的运行监测和故障诊断 ·· 59
7.1 转子的动力学特性 ··· 59
7.1.1 转轴组件的振动特性 ·· 59
7.1.2 实验18 转子振动参数的测试 ···································· 62
7.2 转子故障的修正 ·· 64
7.2.1 转子动平衡的基本原理 ··· 64
7.2.2 实验19 失衡转子的单面动平衡 ································· 67
7.2.3 实验20 失衡转子的双面动平衡 ································· 69

第8章 测试技术在工程中的应用 ··· 71
8.1 轧机载荷的测试 ·· 71
8.1.1 力和转矩测量的基本方法 ··· 71
8.1.2 实验21 轧机载荷的测试 ·· 72
8.2 车辆载荷的测试 ·· 77
8.2.1 载荷谱测试的目的和意义 ··· 77
8.2.2 实验22 摩托车载荷谱的测试 ···································· 77
8.2.3 实验23 摩托车前叉部件的应力测试 ··························· 81

参考文献 ·· 83

读者信息反馈表

第1章　工程实验的设计及其技术文件的编制

1.1　实验报告的编写

关于基础性教学实验的报告书，正文之前一般包括题目、作者姓名、班级、学号、实验日期、时间和地点等。

正文一般包括以下内容：
1) 实验目的。
2) 实验设备及材料。
3) 实验原理。
4) 实验方法及实验数据。
5) 实验分析及结论。
6) 参考文献。

课程的作业和心得体会可以放在附录中。

1.1.1　实验目的

简要说明通过本实验需要得到的结果，主要说明技术上的结论，不必要说明学习的目的和要求，例如对某些知识点的掌握或了解。如果实验方法对结果有重要的意义，可以写明采用的方法或技术。

1.1.2　实验设备及材料

说明实验设备的型号、名称及技术指标，特别是测量仪器的精度指标。列出实验所需的工具及材料。

1.1.3　实验原理

说明测量系统的架构，给出系统的框图，说明参数转换的过程。阐述实验依据的基本原理及理论计算的公式，明确定义变量和常数的符号及单位。

1.1.4　实验方法及实验数据

按照时间顺序列出操作步骤，并记录原始数据。在本节，可以进行求和和平均等简单的计算，以表格的形式表示原始数据和计算的结果，注意标明计量单位。

1.1.5　实验分析及结论

处理实验数据，分析实验的结果并得出结论。原则上，对结论中的数据和公式（或曲线）都要进行误差分析。

1.2　工程实验项目的程序

1.2.1　确定实验目的

建立一个工程实验程序时，首先要明确实验的目的和技术要求，并且明确非实验的方法是不足的或不适用的。立项时，要在多种实验方案之间进行比较和论证，尽可能采用成本低、有成功把握的实验程序，使用有限的实验和较少的仪器设备获取预期的结果。任何实验程序都是既有优点也有缺点的，因此，在高风险、低成本方法和安全、高成本方法之间存在取舍的问题。必须非常精心地选择实验的类型，如果在确定实验项目时花费的时间不足，那么在开始设计时，可能已经排除了许多更好的选择。

1.2.2　实验设计

这是实施实验程序的主要步骤，它可能包括下列主要内容：
1）收集资料（一般是文献检索）。
2）实验方案的确定。
3）进度和成本的确定。
4）数据分析模型的确定。
5）测量变量的指定。
6）仪器的选择。
7）实验不确定度的估计。
8）实验矩阵（被实验的独立变量的值）的确定。
9）实验装置的机械设计。
10）实验步骤的说明。

以上内容是相互作用的。例如，如果不确定度分析得不到允许的精确度，就不得不放弃实验方法或者作出重大修改。

如有可能，开始时应构思多种实验方案，分析之后从某种角度选取最佳方案。在绝大多数实验程序中，设计阶段分两部分进行：初步设计和随后的最终设计。初步设计阶段的研究是校验型的，包括成本的估计，所形成的文件称为设计方案。然后，该方案由项目的投资单位审查。

1.2.3 实验系统的构成和开发

该阶段可能是程序中费用最高的部分。对于采购需要的设备和开发实验装置，为了确定合适的仪器设备和装置，要进行一系列试运转试验。一般根据试运转试验的结果对设备或装置作出修正。有时需要进行小规模实验。在子系统或最终实验装置的几何相似模型上进行实验。小规模实验的目的是在最终实验装置上进行主体实验之前确定装置的有效性。

根据资金管理的规定，购置昂贵的仪器设备，需要采用招标的方式。

1.2.4 明确安全操作规范

根据工程实验环境、被测量设备的工况和测量系统的特性，确定安全工作规范，防止人身或设备安全事故的发生。落实每个实验人员的职责，并确定操作步骤和注意事项。

1.2.5 数据采集和数据分析

构造和调试实验装置之后，就可以按照规定的实验矩阵进行数据采集。

在大多数实验程序中，可以使用市售的数据分析软件，或者是在设计阶段（分析阶段）开发的计算机程序。在实验程序中，为了检查数据的有效性，必须在数据采集的同时完成某些数据分析过程。采用计算机数据采集系统时，初步的数据分析程序一般应有实时分析功能。

有些实验需要特殊的或复杂的数据分析，有必要提出或改进算法，开发新的数据分析程序。

1.2.6 数据解释和实验报告

数据分析之后，必须对数据作出解释。要求用合乎逻辑的原理来说明数据的趋势，同时必须找出理由说明异常的数据。可以利用先前的或类似实验的结果进行比较和验证。对照实验目的，检查实验数据的完整性。解释数据之后，必须把结果写进最终报告并送达投资单位。

在任何工程实验程序中，文件的编制工作都是很重要的。在实验开始之前，应制订一些提案即计划文件，其内容为陈述目的，确定课题的范围，提出实验方法，初步估计成本和安排进度。在实验进行期间，有一系列的阶段报告。在实验和数据分析完成之后，要完成最终报告。

在一些常规实验程序中，文件编制不外乎填写一些表格。在绝大多数研究和开发程序中，提案、阶段报告和最终报告都是必要的，其中提案和最终报告包括测试的最大误差。

实际上，编制工程测试技术文件没有普遍正确的方法。许多单位或部门有自己的标准报告格式，并且要求其成员使用这些格式。本章仅介绍一些常用的报告结构和格式。

1.3 工程实验程序的正式报告

正式报告一般是在主要工程活动结束（或完成主要的阶段）时写成的文件。编制正式报告的目的是：

1）向他人传播实验或调查工作的结果和结论。
2）建立实验或调查工作的永久记录，供日后相关工作使用。

正式报告可以由以下部分组成。

1.3.1 题名页

题名页（title page）应有实验题目、报告日期、作者及合作者的名字。题名页也可以显示其他信息，其中包括完成项目的单位名称、投资单位的名称以及报告和合同的编号等。如果题名页可以容纳全部摘要，也可以把摘要放在题名页。

1.3.2 摘要

摘要（abstract）是报告所介绍材料的非常简短的独立的概述。摘要应高度概括整篇报告的信息，使读者快速地确定该报告对其是否有用，是否继续阅读全文。因此，写好摘要是极其重要的。可以设想一下，如果进行文献检索，需要得到哪些信息。摘要的长度一般不超过 100～200 个词。虽然摘要只引证报告中描述的材料，但是在摘要中不直接引用报告中的材料。不要在摘要中引用图、表和表达式，因为它们不便于存储在计算机数据检索系统中。

摘要的开头应叙述实验的内容或目的。接着用一两句话说明获取结果的方法，就是作一些实验方法、装置和所有不常见的仪器设备的描述，然后叙述某些关键的结果。例如："对 C-15A 型旋转空气压缩机进行性能实验。用仪器设备测量轴的转速、空气流量、进口和出口空气压力、温度。用电动回转测功器测量需要的轴功率。在 600r/min 的转速下获得的最高效率是 65%。在此条件下，空气流量为 $47 \times 10^{-3} m^3/s$，轴功率为 1.98kW。"

1.3.3 目录

目录（contents）只是报告章节的名单和可以查找其位置的页码。目录中一般最多出现三级标题。有的报告还用单独的页列出报告中出现的全部图和表。

1.3.4 综述

像摘要一样，综述（summary）给出全部报告的纵览。综述一般比摘要长和完整，如果需要，还包括图表。摘要供读者确定是否读此报告，综述一般被那些对所描述工作感兴趣的人阅读。综述说明目的，简述使用的技术，叙述最重要的结果和结论。把引用的图表放在报告主要部分之后对于通过报告搜索信息的读者是不方便的。如果使用图表，最好把它复制在报告的综述部分。复制图表的另一个理由是该综述有时被复制成独立的文件并且不和报告的其他部分一起分发。

综述拟定了报告的其他框架并使其容易查找。但是，如果读者不直接使用报告的结果，综述可能是报告中被阅读的唯一部分。综述的长度取决于实验程序的规模。对于较短的实验程序，可能只有1~2页或者省略。对于涉及数千工时的较大程序，综述可有数十页长（并且综述本身也分若干卷表示）。

1.3.5 绪论

绪论（introduction）主要是对项目背景和目的的陈述，通常包括以下内容：
1) 清楚地说明目的，并且提供使读者确信其工作价值的信息。
2) 适当的文献评述，如果评述的量很大，可以在绪论之后作为独立的章节。
3) 勾画出工作的界限（范围，将做哪些实验，不做哪些实验）。
4) 如果实验目的是验证现有的理论或者使用特殊的方法分析数据，则通常在绪论中介绍这些理论。如果在实验结果的基础上发展理论，则最好在报告的讨论部分提出。如果介绍现有的理论，则可以作为绪论之后的独立的节。
5) 可以概括介绍报告的其他部分，尤其是在与标准作法不同时。

1.3.6 设备和步骤

设备（apparatus）应同时用文字和图像表示，并且用框图表示全部（或主要）传感器的位置。一般包括设备的照片。在这里可以引用详细的工程图，但是应把它放在附录中。要求提供仪器设备的明细表，其中包括使用的每台仪器的制造厂、型号和序列号。如果实验步骤（procedure）简单，被引用的仪器设备明细表可以放在正文中；如果实验步骤多，可以把明细表放在附录中。

1.3.7 结果

应当以图或表的形式显示测试的主要结果（results）。应当有简短的文字，说明包括什么结果和它们包括在哪些图或表中。每个图和表都应标上唯一的号码和标题。一般图的标题放在图的下边，表的标题放在表的上边。

如果数字结果不太多，则以表格形式表示结果。如果结果列表很长，可以在正文中引用并放在附录中。一般只列出读者直接感兴趣的结果，不包括中间计算。使用计算机数据采集系统，可以获取海量数据，把它们全部用表格形式表示是不实际的，只需将数字结果的汇总形式（例如平均值、最小值和最大值）列表。

图像结果的格式是很重要的。对图像应注意以下几点：
1) 图像的幅面不要超过页边距，在报告中放置的方向应与文字页面的阅读方向相同，或者与报告从文字方向顺时针旋转90°。

2）离散的数据点应画成用例如圆或方块图形圈起来的点。如果有大量的数据点，图形符号有可能重叠（例如在使用计算机数据采集系统进行时变数据采集时可能存在这种情况），最好删除图形符号并且用直线连接这些数据点。

3）连续理论上的预报和相关表示为直线或曲线，建议不画成离散的点。如果没有提出理论或者理论与这些点的一致性很差，一般通过数据点画出最佳拟合曲线。如果数据呈现一种趋势（例如降雨量与年中月份的关系）并且 y 轴数据与 x 轴不成函数关系，那么理论和最佳拟合曲线是没有意义的。这时一般用一系列的线段连接这些点。棒图对于呈现趋势的数据也是适用的。

4）使用图例区分不同类型的数据。

5）无论是用计算机函数还是用曲线板，所有曲线都应圆滑地画出。

1.3.8 讨论

讨论（discussion）是报告的主要部分，其范围、长度和复杂性视研究的性质而定。此外，在讨论中评价和解释结果，审查其重要性。它是引导读者从结果得出结论的桥梁。也可以把讨论和结果合并到一个章节，讨论一般包括以下内容：

1）被显示的每个结果的说明，包括其重要性和与工程项目的关系。

2）任何意外结果的讨论。

3）实验不确定度原因的讨论。

4）结果与理论或预测的实验结果的比较。

5）对结果说明的个人意见。

6）如有可能，对基于实验数据开发的任何新理论的描述和比较。

1.3.9 结论和建议

结论和建议（conclusions and recommendations）是回答实验目的和解释没达到目的的特殊的讨论和建议。在本节报告中将不显示新的结果。本节可以包括主要结果的明细表。对后续工作的建议或改进实验的方法可以包括在本节中。

1.3.10 参考文献

参考文献（references）是报告其他部分提及文献的列表，其中包括文献题目、作者名、出版社名、出版日期和其他供读者查找原始文献的相关信息。

参考文献列表的格式应符合国家标准《GB/T 7714—2005 文后参考文献著录规则》的规定。

1.3.11 附录

放在附录（appendices）中的材料一般是部分读者而不是所有读者感兴趣的。如果

是大多数读者感兴趣,就应放在报告的主体部分。某些材料放在附录中,以便提供永久记录。附录可包括下列内容:

1) 原始的实验数据单。
2) 取样计算。
3) 报告正文未写进的实验步骤。
4) 实验设备的详细图样。
5) 部分读者感兴趣但不是报告核心的信息。
6) 制造厂的仪器说明书。

对于学生的报告,应把实验数据单放在报告中。对于专业实验,这些项目一般作为独立于报告的记录保存。

1.4 技术备忘录

技术备忘录(technical memorandum)有时被称为信函报告,是一种要求不及正式报告严格的信息传递方法。它也是组织内部很常用的信息传递方法。它常常不作为永久记录,原件可以在发布几个月或几年内被销毁。一些更普通的应用是:

1) 报告测试的原始记录。
2) 报告项目的中间结果(阶段报告)。
3) 先于正式报告的发布,以预报告形式报告最终结果。
4) 报告永久记录不需要的研究和计算结果。

与其他种类的文件编制一样,可以由你的组织规定适当的格式。下面推荐的是一种常用的格式。

技术备忘录的标题节一般包括日期、收文单位、发文单位、题目和参考文献等。

正规情况下,作者在其打印名字的后面签字。参考文献是备忘录中引用的相关文件。

信件的正文含有需要传递的信息。确切的内容取决于场合,可能取决于以前传送的信件或报告。通常,信件应至少包含以下内容:

1) 备忘录的目的。
2) 要传送的结果。
3) 结果的重要性。

在大多数情况下正文是连续的,仅仅分段而不用小标题(尽管小标题在长文中是有用的)。正文不包括的材料称为附件。附件的排列顺序一般为附录 A、附录 B 等,与正文中引用的顺序一样。图和表的格式类似于正式报告,但在备忘录中,它们的质量可以较差。例如,可以接受整洁的徒手画图,可以直接从数据采集系统打印输出报表。在较长的备忘录(超过两页)中,一般以一两段长的综述开头为好。这个综述应清楚地叙述备忘录的目的和最重要的结论。

1.5 投标书

在很多情况下，招标方会指定格式要求。如果投资单位在本公司内，投标（proposals）过程可以不十分正规，可用口头表述的方式提出草图、成本和进度安排。对外部招标方的投标一般比较正规，至少具有某些常见的性质。下面仅是一种可能的格式：

1) 题名页。
2) 摘要。
3) 目录表。
4) 概述和背景。
5) 投标计划、研究方法和工作范围的描述。
6) 任务描述、进度和成本。
7) 人员和能力。
8) 参考文献。
9) 附录。

投标的目的是让投资单位确信投标者是唯一有能力以可接受的成本完成计划的。

前面关于最终报告的题名页、摘要、目录表、参考文献和附录的说明也适用于投标书。其余的节是不同的，将在下面介绍。

1.5.1 概述和背景

介绍投标的实验程序的背景。因为实验者试图让投资单位相信其在投标领域的竞争力，所以在投标书中，这一节的内容常常比最终报告中的多。报告其他部分的基本轮廓也可在这里显示。

1.5.2 投标计划、研究方法和工作范围的描述

本节是投标书的心脏。作者至少以序言的形式描述实验的基本方法、装置和仪器设备以及实验程序。此外，介绍用数据做什么也是重要的。如何处理数据？如何显示数据？有没有修正数据和建立新理论的打算？读者读完本节就会清楚地了解将要做什么。在投标书中，本节显示投标者掌握解决问题的方法论，了解问题和投标的工作的范围和局限。

1.5.3 任务描述、进度、成本、人员和能力

本节包括任务的描述、要求的工作量、进度和成本。

使用户相信投标单位及其人员完成投标工作的能力是很重要的。本节可以包括单位自身能力的介绍，有关设备和前期计划描述等。

用户一般想了解进行投标实验的主要人员的有关情况。可以把主要人员及其有关经历列成明细表。主要人员的履历一般被收入附录。

第 2 章 数据处理和误差分析

2.1 测量误差的分析

2.1.1 误差的基本概念

1. 量（quantity）的值

真值（true value）：与给定的特定量的定义一致的值。注：

① 量的真值只有通过完善的测量才有可能获得；

② 真值按其本性是不确定的；

③ 与给定的特定量定义一致的值不一定只有一个。

约定真值（conventional true value）：对于给定目的，具有适当不确定度的、赋予特定量的值，有时该值是约定采用的。例如，常常用某量的多次测量结果来确定约定真值。

2. 误差的表示法

绝对误差（absolute error）：测量结果减去被测量的真值。

相对误差（relative error）：绝对误差除以被测量的真值。

在以上误差中，由于真值不能确定，实际上用的是约定真值。

偏差，离差（deviation）：一个值减去其参考值。

引用误差（fiducial error）：测量仪器的误差除以仪器的特定值。该特定值一般称为引用值，例如，可以是测量仪器的量程或标称范围的上限。

3. 误差的分类

系统误差（systematic error）：在重复性条件下，对同一被测量进行无限多次测量所得结果的平均值与被测量的真值之差。如真值一样，系统误差及其产生的原因不能完全获知。测量仪器示值的系统误差又称为偏移（bias），通常用适当次数重复测量的示值误差的平均来估计。

随机误差（random error）：测量结果与在重复性条件下，对同一被测量进行无限多次测量所得结果的平均值之差。随机误差等于绝对误差减去系统误差。因为测量只能进行有限次数，所以可能确定的只是随机误差的估计值。

过失误差（fault error）：一种与事实明显不符的误差，主要是由于实验人员粗心大意或操作不当等原因引起的。过失误差值可能很大，且无规律可循，含有过失误差值的数据无法修正，只能舍弃。

4. 测量的精度

精密度（precision）：表示测量结果中随机误差大小的程度。

正确度（correctness），偏移（bias）：表示测量结果中系统误差大小的程度。

精确度（accuracy）：被测量的测量结果与（约定）真值间的一致程度。精度是准确度和精密度的综合反映，在消除了系统误差的情况下，精度等于精密度，统称为精度。

2.1.2 测量不确定度的分析方法

1. 间接测量误差的传递

若间接测量参数 R 与直接测量参数之间的关系为

$$R = f(x_1, x_2, \cdots, x_n)$$

分别用 w_R 和 w_{x_i} 表示 R 和 x_i 的不确定度，则 R 的最大不确定度为

$$w_R = \sum_{i=1}^{n} \left| w_{x_i} \frac{\partial R}{\partial x_i} \right|$$

最佳估计不确定度为

$$w_R = \sqrt{\sum_{i=1}^{n} \left[w_{x_i} \frac{\partial R}{\partial x_i} \right]^2}$$

若

$$R = C x_1^a x_2^b \cdots x_n^N$$

则有

$$\frac{w_R}{R} = \sqrt{\left(a \frac{w_1}{x_1}\right)^2 + \left(b \frac{w_2}{x_2}\right)^2 + \cdots + \left(N \frac{w_n}{x_n}\right)^2}$$

2. 测量结果的综合不确定度

详细的不确定度分析分别追踪系统不确定度（systematic uncertainty，记为 B）和随机不确定度（random uncertainty，记为 P）。

随机不确定度用 t 分布估计。若变量 x 被测量 n 次，其样本标准差和平均值分别定义为

$$S_x = \sqrt{\sum_{i=1}^{n} \frac{(x_i - \bar{x})^2}{n-1}}$$

$$\bar{x} = \frac{1}{n} \sum_{i=1}^{n} x_i$$

对于给定的置信水平，可以根据自由度数由文献 1 查得 t 的值。x 的平均值的随机不确定度定义为

$$P_{\bar{x}} = \pm t \frac{S_x}{\sqrt{n}}$$

于是，x 的平均值的总不确定度（total uncertainty）定义为

$$W_x = \sqrt{B_x^2 + P_{\bar{x}}^2}$$

3. 基本误差源

在测量系统中，有多种基本误差源（sources of elemental error），例如 A/D 转换器会产生量化误差、灵敏度误差和线性误差，并且每个误差源不是产生系统误差，就是产生随机误差。系统不确定度和随机不确定度是通过平方和的平方根组合的，即

$$B_x = \sqrt{\sum_{i=1}^{k} B_i^2}$$

$$S_x = \sqrt{\sum_{i=1}^{m} S_i^2} \tag{2-1}$$

对于变量 x 的单次测量值和 M 次测量平均值的随机不确定度分别为

$$P_{\bar{x}} = tS_x$$

$$P_{\bar{x}} = t\frac{S_x}{\sqrt{M}}$$

对于所有基本随机不确定度，如果在式（2-1）的组合中，样本量大于30，那么 t 只是置信水平的函数，与自由度无关。如果样本量小于30，则需要求出自由度 v 的组合值，可以使用韦尔奇—萨特思韦特（Welch-Satterthwaite）公式计算自由度，即

$$v_x = \frac{\left(\sum_{i=1}^{m} S_i^2\right)^2}{\sum_{i=1}^{m} (S_i^4/v_i)}$$

2.2　测量系统的校准和曲线拟合

2.2.1　校准

校准（calibration）：在规定条件下，为确定测量仪器或测量系统所指示的量值，或实物量具或参考物质所代表的量值，与对应的由标准所复现的量值之间关系的一组操作。注意：

1）校准结果既可给出被测量的示值，又可确定示值的修正值；
2）校准也可确定其他计量特性，如影响量的作用；
3）校准结果可以记录在校准证书或校准报告中。

校准曲线（calibration curve）：根据校准数据绘制的表征测量系统输入—输出关系的曲线。

2.2.2　曲线拟合

1. 使用最小二乘法的曲线拟合

设 $y=f(x)$ 在 $[a,b]$ 上有函数表，见表 2-1。

表 2-1 函数表

x	x_0	x_1	$\cdots$	x_n
y	y_0	y_1	$\cdots$	y_n

其中，$y_j = f(x_j)(j=0,1,2,\cdots,n)$。

使用最小二乘法的曲线拟合即求一个 $m(m<n)$ 次多项式
$$g_m(x) = a_0 + a_1 x + \cdots + a_m x^m$$
使
$$J = \sum_{i=0}^{n} [g_m(x_i) - y_i]^2$$
取值最小。

用最小二乘法求近似多项式 g_m 的步骤如下：

1) 对确定的 m 计算 $(3m+2)$ 个和 $S_k(k=0,1,2,\cdots,2m)$ 及 $f_k(k=0,1,2,\cdots,m)$，其中
$$S_k = \sum_{i=0}^{n} x_i^k \qquad f_k = \sum_{i=0}^{n} x_i^k y_i$$

2) 列正规方程组，即
$$\sum_{j=0}^{m} S_{k+j} a_j = f_k \quad (k=0,1,\cdots,m) \tag{2-2}$$

3) 解方程组 (2-2)，得 $a_j(j=0,1,\cdots,m)$，于是有
$$g_m(x) = \sum_{j=0}^{m} a_j x^j$$

2. 幂函数曲线的线性回归

对于幂函数曲线 $Q = qt^p$。两边取对数，有
$$\lg Q = \lg q + p \lg t$$
令 $y = \lg Q$，$x = \lg t$，$a_0 = \lg q$，$a_1 = p$，则拟合曲线写成
$$y = a_0 + a_1 x \tag{2-3}$$
然后，可以用最小二乘法对式 (2-3) 作线性回归，分别得出 q 和 p 的值。

第3章 测量系统的性质

3.1 测量系统的基本性质

3.1.1 测量系统的静态特性

测量范围（measuring range）：在保证性能指标的前提下，用测量上限和测量下限表示的被测量区间。

量程（span）：测量上限与测量下限之差的模。

分辨力（resolution）：在整个量程内，能产生可观测的输出量变化的最小输入量变化。

灵敏度（sensitivity）：输出变化量与相应的输入变化量之比。

线性度（linearity）：正、反行程的实际平均曲线相对于参比直线的最大偏差，用满量程输出的百分比表示。

滞后（hysteresis）：当输入量满量程变化时，对于统一输入量，正、反行程输出量之差。

重复性（repeatability）：在规定的同一工作条件下，输入量沿同一方向变化，连续进行满量程重复测量所得标定曲线的重复程度。

漂移（drift）：在一定的时间间隔内，当输入不变时，输出的变化。

零点漂移（zero drift）：零（点）输入时的漂移。

负载阻抗（load impedance）：与输出端子相连接的阻抗。

精度等级（accuracy grade）：测量仪表的精度等级的值表示为最大引用误差的100倍。

3.1.2 测量系统的动态特性

一阶系统和二阶系统常用的动态特性见表3-1，其中表征一阶系统动态特性的参数为时间常数τ，表征二阶系统动态特性的参数为固有频率ω_n和阻尼比ζ。表中，η为频率比，$\eta = \omega/\omega_n$；A_0代表放大倍数；$s = j\omega$。

表 3-1 一阶系统和二阶系统常用的动态特性

项　目	一阶系统	二阶系统
传递函数	$H(s) = \dfrac{A_0}{1+\tau s}$	$H(s) = \dfrac{A_0}{\dfrac{s^2}{\omega_n^2} + 2\zeta\dfrac{s}{\omega_n} + 1}$
幅频特性	$\dfrac{A(\omega)}{A_0} = \dfrac{1}{\sqrt{1+(\tau\omega)^2}}$	$\dfrac{A(\omega)}{A_0} = \dfrac{1}{\sqrt{(1-\eta^2)^2 + (2\zeta\eta)^2}}$
相频特性	$\varphi(\omega) = -\arctan(\tau\omega)$	$\varphi(\omega) = -\arctan\dfrac{2\zeta\eta}{1-\eta^2}$
脉冲响应	$h(t) = \dfrac{1}{\tau}e^{-t/\tau}$	$h(t) = \dfrac{\omega_n}{\sqrt{1-\zeta^2}}e^{-\zeta\omega_n t}\sin(\omega_d t)$ 式中，$\omega_d = \omega_n\sqrt{1-\zeta^2}$，$\zeta < 1$
阶跃响应	$y(t) = 1 - e^{-t/\tau}$	$y(t) = 1 - \dfrac{e^{-\zeta\omega_n t}}{\sqrt{1-\zeta^2}}\sin(\omega_d t + \varphi_2)$ 式中，$\varphi_2 = \arctan\dfrac{\sqrt{1-\zeta^2}}{\zeta}$，$\zeta < 1$

3.2 测量系统特性的仿真

3.2.1 实验 1 采用 MATLAB 的动态仿真

1. 实验目的

对典型一阶系统和二阶系统的阶跃响应进行计算机仿真。

2. 实验设备

个人计算机、MATLAB 软件。

3. 实验原理

(1) 一阶系统的阶跃响应

设一个温度测量系统由线性元件组成，系统的总灵敏度为 1，动态特性取决于它的敏感元件。设敏感元件的质量 $m = 5g$，表面积 $A = 5\times 10^{-4}\,m^2$，比热容 $c = 0.2\,J\cdot kg^{-1}/℃$。用该系统测量水温，已知空气和水的表面传热系数分别为 $h_a = 0.2\,W\cdot m^{-2}/℃$ 和 $h_w = 1.0\,W\cdot m^{-2}/℃$。

把温度测量系统的敏感元件突然从空气中投到水中，水的温度为 y，被测环境的温度为 x。在水中，敏感元件的热平衡方程为

$$h_w A(x - y) = mc \frac{dy}{dt}$$

系统的传递函数为

$$H(s) = \frac{Y(s)}{X(s)} = \frac{1}{1 + \tau s}$$

其中,时间常数为

$$\tau = \frac{mc}{h_w A} = \frac{5 \times 10^{-3} \times 0.2}{1.0 \times 5 \times 10^{-4}} s = 2s$$

于是,有

$$H(s) = \frac{1}{1 + 2s}$$

(2) 二阶系统的阶跃响应

集中质量的弹簧阻尼振动系统如图 3-1 所示,设质量块的位移为 $y(t)$,输入力为 $f(t)$,则运动方程为

$$m \frac{d y^2(t)}{dt^2} + c \frac{dy(t)}{dt} + ky(t) = f(t)$$

这是典型的二阶系统,其传递函数为

$$H(s) = \frac{A_0}{\frac{s^2}{\omega_n^2} + 2\zeta \frac{s}{\omega_n} + 1} \quad (3-1)$$

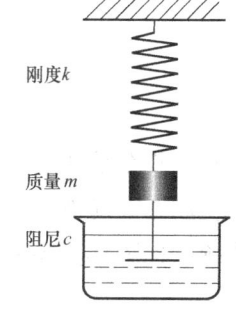

图 3-1 集中质量的
弹簧阻尼振动系统

式中 A_0——系统的静态灵敏度,$A_0 = 1/k$;

ζ——阻尼比,$\zeta = \frac{c}{2\sqrt{mk}}$;

ω_n——固有频率,$\omega_n = \sqrt{k/m}$。

可将式(3-1)等效为二阶系统传递函数的框图,如图 3-2 所示。

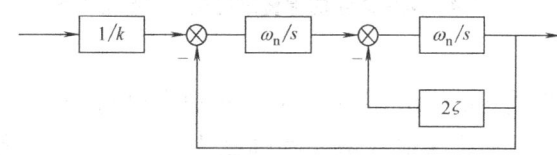

图 3-2 二阶系统传递函数的框图

一阶系统和二阶系统阶跃响应的表达式见表 3-1。

4. 实验方法

(1) 绘制系统框图

启动 MATLAB,进入 Simulink 后,新建模型。在 Simulink 库中选择模块的图标并复制到模型窗口,可在窗口中对模块进行编辑并设置相应的参数。MATLAB 模块的位置见表 3-2。然后,进行信号线的操作,组成系统框图。

表 3-2 MATLAB 模块的位置

子模块库名	模块名
Continuous	Transfer Fcn
Math Operations	Gain
	Sum
Source	Step
Sinks	Scope

温度测量系统的框图如图 3-3 所示。

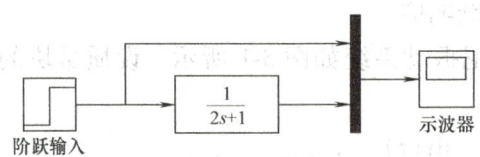

图 3-3 温度测量系统的框图

对二阶系统仿真时，可以改变 ω_n 和 ζ 的值，得到系统的阶跃响应，分析比较 ω_n、ζ 对系统动态性能的影响。当 $k=1$、$\omega_n=10\text{rad/s}$ 和 $\zeta=0.25$ 时，集中质量的弹簧阻尼振动系统的框图如图 3-4 所示。

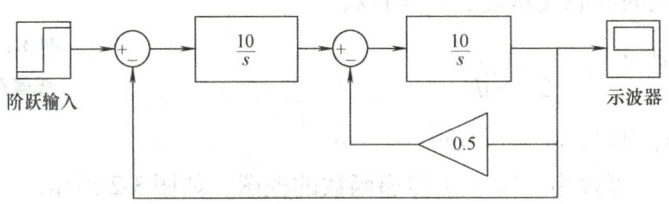

图 3-4 集中质量的弹簧阻尼振动系统的框图

（2）仿真

单击工具栏的按钮或 Simulink 菜单下的 start 命令进行仿真，双击示波器模块观察仿真结果。在仿真时，设置阶跃输入信号的幅度为 1，开始时间为 0。然后，改变传递函数的参数设置，观察其响应的变化。

5. 实验报告

作出一阶系统和二阶系统阶跃响应的图像，分别解释其特性，并说明系统特性参数的改变对响应曲线的影响。

6. 思考题

1）一阶系统和二阶系统的阶跃响应各有何特点，在工程中有何应用价值？

2）已知测量系统的传递函数，如何确定测量系统的动态测量误差？

3.2.2 实验 2 测量电路的 Multisim 仿真

1. 实验目的

对典型测量电路进行计算机仿真，观察测量电路的幅频特性和对单位阶跃信号的响应，其中包括：

1）使用运算放大器的放大器。
2）一阶巴特沃斯低通滤波器。

2. 实验设备

个人计算机、Multisim 软件。

3. 实验原理

使用运算放大器的反相放大器的电路原理图如图 3-5 所示。它的增益为

$$G = -\frac{R_2}{R_1}$$

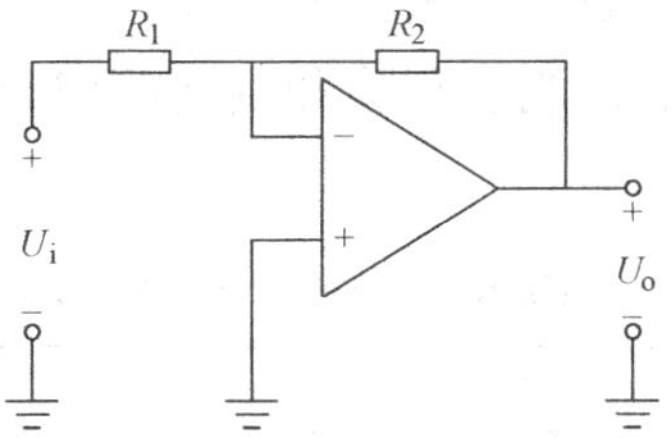

图 3-5 反相放大器的电路原理图

增益在高频率时下降，对于大多数基于运算放大器的放大器，低频增益和带宽的乘积，即增益带宽积（GBP）为常数。

一阶巴特沃斯低通滤波器电路是反相放大器的改进，其电路图和频率特性如图 3-6 所示。其幅频特性为

$$A(\omega) = \frac{A(0)}{\sqrt{1 + \tau^2\omega^2}}$$

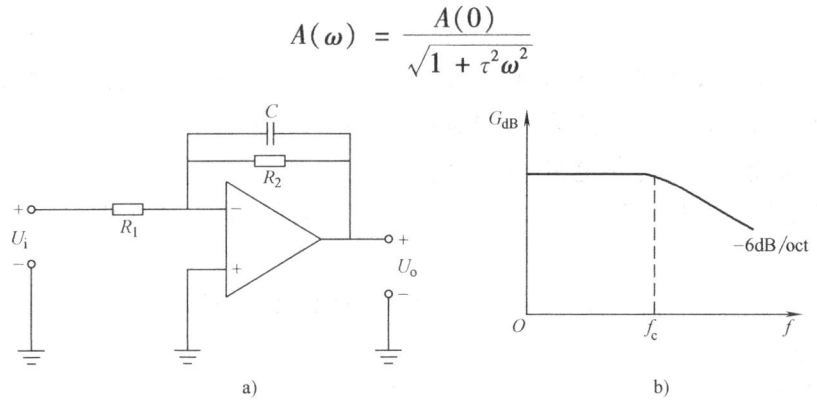

图 3-6 一阶巴特沃斯低通滤波器
a）电路图 b）频率特性

式中　$A(0)$——低频增益，$A(0) = -\dfrac{R_2}{R_1}$；

　　　τ——时间常数，$\tau = R_2 C$。

截止频率为

$$f_c = \dfrac{1}{2\pi \sqrt{R_2 C}}$$

4. 实验方法

在 Multisim 的操作界面，对反相放大器和一阶巴特沃斯滤波器分别建立新的电路图文件，主要步骤如下：

1）在文件栏建立新的电路图文件，可打开 Option 栏下的 Preference 对话框，设置电路图的各种属性。打开其中的 Part 页，在 Symbol standard 区中，ANSI 是美国标准，DIN 是欧洲标准。DIN 与我国现行标准较接近。

2）使用放置（Place）菜单或命令在电路图上放置元器件图标。在元器件库（Database，默认为 Master Database）选中所需要的元器件，有关元器件所属的类和分类库见表 3-3。选中后，可进行移动、复制、删除和旋转等编辑操作，还可以在对话框中设置或编辑元器件的特性参数。

表 3-3　Multisim 元器件所属的类和分类库

Group（图标的类）	Family（序列）	Component（元器件）
Analog	OPAMP	741
Basic	RESISTOR	（电阻值）
	CAPACITOR	（电容值）
Sources	SIGNAL_ VOLTAGE_ SOURCES	AC_ VOLTAGE
	POWER_ SOURCES	GROUND
		VCC
		VEE

同样，在仪器仪表栏（Simulate/Instruments）选择仪器仪表的图标并放在电路图中，其中有 Oscilloscope（示波器）和 Bode Plotter（波特仪）。

3）通过鼠标操作，连接电路图的导线。

构成的反相放大器的 Multisim 电路图和一阶巴特沃斯滤波器的 Multisim 电路图分别如图 3-7 和图 3-8 所示。

4）仿真。选中 Simulate/Run，双击仪表的图标，即可显示仪表的面板。调整面板上的参数，使图像布局合理。

5. 实验报告

1）通过反相放大器输出和输入波形的幅值比表述放大器的增益与电阻值之间的关系。

2）通过示波器和波特仪表述一阶巴特沃斯低通滤波器的频率特性。

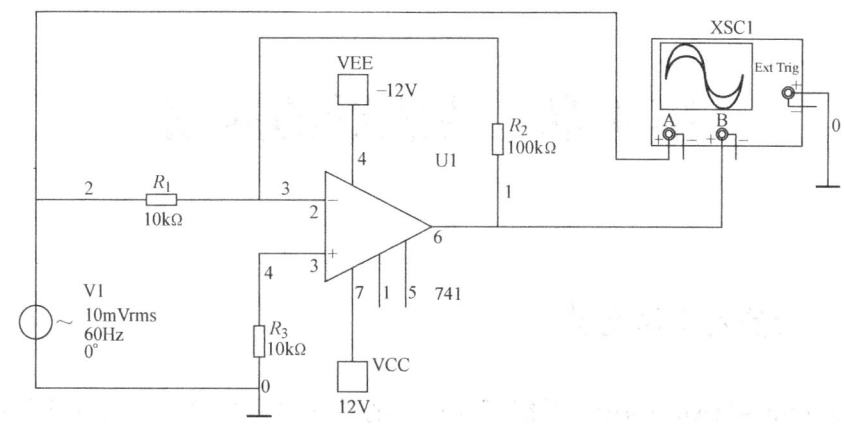

图 3-7　反相放大器的 Multisim 电路图

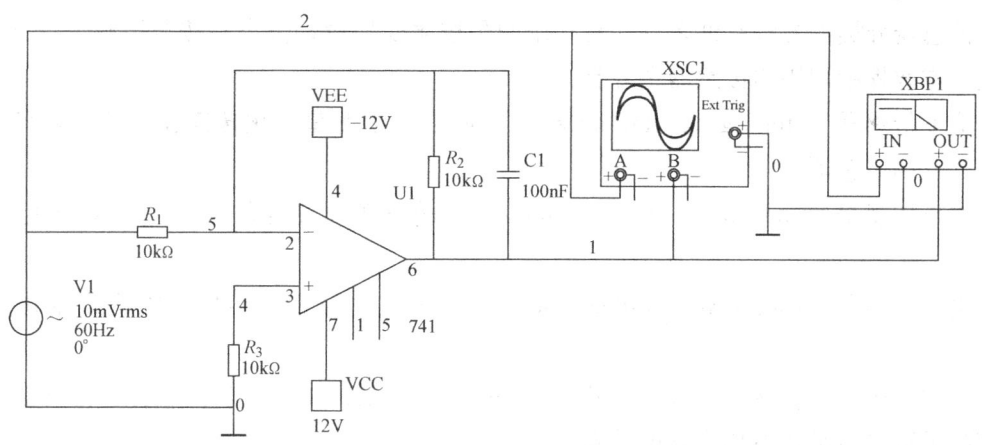

图 3-8　一阶巴特沃斯滤波器的 Multisim 电路图

6. 思考题

1）对放大器的输入和输出阻抗应有何要求？反相放大器的输入和输出阻抗有何特点？如何调整反相放大器的增益？

2）如何调节一阶巴特沃斯低通滤波器的频率特性？

3）关于仿真仪表示波器和波特仪，如何接入被测电路？如何看待它们的负载特性？

第 4 章 传感器的应用

4.1 传感器的定义和分类

传感器（transducer/sensor）是能感受规定的被测量并按照一定的规律转换成可用输出信号的器件或装置，通常由敏感元件（sensing element）和转换元件（transduction element）组成。当输出为规定的标准信号时，则称为变送器（transmitter）。

传感器分类的方法有许多种，较常用的是按照变换原理分类和按照被测量（用途）分类。本教程中使用的传感器主要有：

应变传感器（strain gauge transducer/sensor）：将被测量变化转换成由于应变产生的电阻变化的传感器。

电感传感器（inductive transducer/sensor）：将被测量变化转换成电感量变化的传感器。

电容传感器（capacitive transducer/sensor）：将被测量变化转换成电容量变化的传感器。

压电传感器（piezoelectric transducer/sensor）：将被测量变化转换成由于材料受机械力产生的静电电荷或电压变化的传感器。

霍尔传感器（Hall transducer/sensor）：利用霍尔效应，将被测量变化转换成可用输出信号的传感器。

4.2 传感器的性能实验

1. 实验目的

测试不同传感器的特性参数。

2. 实验设备

综合传感器实验仪、万用表。

综合传感器实验仪主要分为实验台、处理电路、激励源及显示装置三个部分。激振激励用按钮控制，其余各部分采用外部连接线连接。

（1）实验台

传感器实验台的结构简图如图 4-1 所示。实验台上装有一应变梁，应变梁上面装有压电传感器、热电偶和加热器，梁上贴有受力方向不同的六个箔式应变计和两个半导体应变计,梁的顶端装有位移平台,平台周围装有变面积型差动电容传感器、涡流传感器、霍尔传感器和线性可变差动变压器传感器等,梁的下面装有磁电传感器和一个激振线圈。位移平台上方装有一螺旋测微计,可作静态标定用,位移平台中间环节为一磁体,螺旋测微计的测微头与平台中间的磁铁相吸,可使位移平台上下运动。在静态实验中,可通过螺旋测微计实现位移;在动态实验中,可以用激振器对梁进行激振。

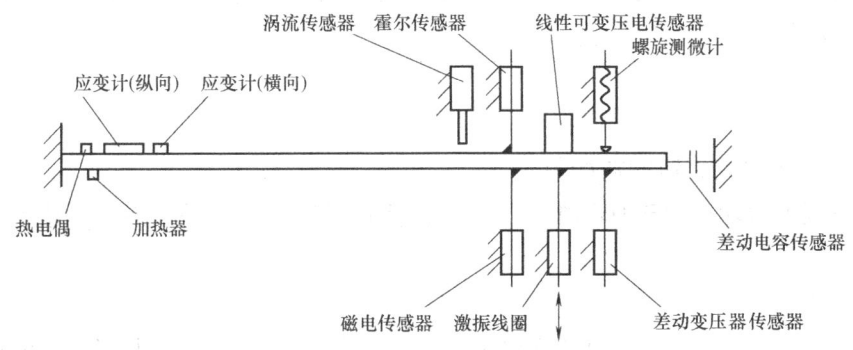

图 4-1 传感器实验台的结构简图

(2) 激励源及显示装置

由 0.9~10kHz 音频信号发生器、3~30Hz 低频信号发生器、直流稳压电源和数字式电压/频率表组成。

(3) 处理电路

包括电桥、差动放大器、电容变换器、涡流变换器、相敏检波器、移相器、电荷放大器、电压放大器、低通滤波器等单元。

3. 注意事项

1) 进行各种实验之前,开启总电源,使器件预热 10min。对与实验项目无关的单元,应关闭其电源或使信号输出幅值最小,以减小相互影响。

2) 尽量避免拉扯叠插式接插线,以防折断。

3) 避免从各电源、信号发生器引出线对地和机壳短路。

4) 梁的振幅不要过大,以免引起损坏。

5) 勿用手触摸应变计或过度弯曲平行梁,以免应变计损坏。

6) 实验完成后应关闭所有开关。

4.2.1 实验3 应变计电桥性能的测试

1. 实验目的

确定电阻应变计测量装置的灵敏度。

2. 实验设备

直流稳压电源、差动放大器、电桥、测微计、V/F 表、分别使用纵向安装和横向安装的箔式应变计、半导体应变计和电阻。

3. 实验原理

电阻应变计测量装置的框图和参数变换原理如图 4-2 所示。

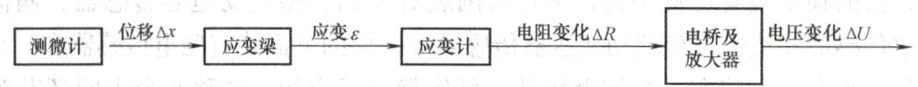

图 4-2 电阻应变计测量装置的框图和参数变换原理

测量装置的输入为应变梁一端的位移 x，输出为应变计电桥的输出电压 U。于是，电阻应变计测量装置的灵敏度为

$$S = \Delta U / \Delta x$$

4. 实验方法

（1）检查各单元旋钮的初始位置

直流稳压电源输出置于 0V 档，V/F 表置于 V 表 20V 档，差动放大器增益旋钮置于最大。

（2）组桥

电桥单元和差动放大器面板分别如图 4-3a、b 所示。电桥单元上部所示的四个桥臂电阻 R_x 为组桥示意标记，表示在组桥时应外接桥臂电阻（例如应变计或固定电阻）；R_1、R_2 和 R_3 分别为备用的桥臂电阻，按需接入桥路。分析梁上各应变计的受力状态，选择沿应变梁纵向安装的应变计，组成测量电路，如图 4-4 所示。

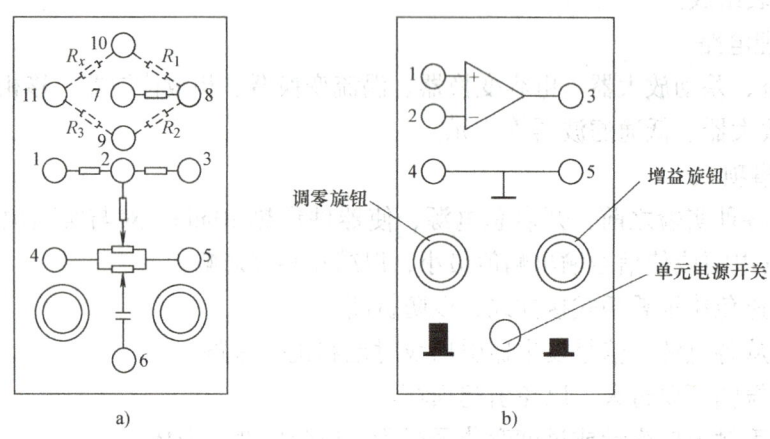

图 4-3 电桥单元和差动放大器面板

a) 电桥单元　b) 差动放大器面板

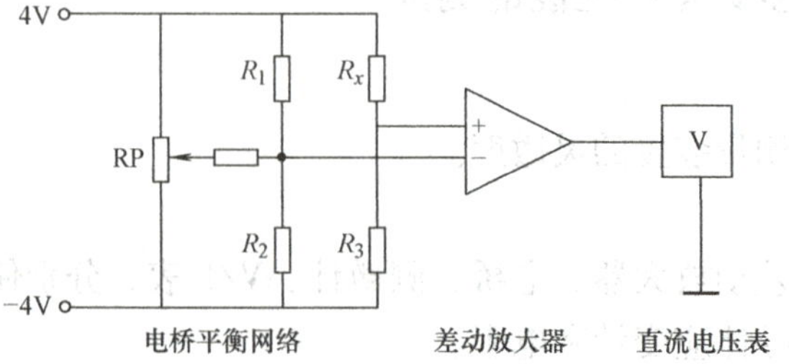

图 4-4 测量电路的组成

(3) 调整测量电路

差动放大器调零：用导线将差动放大器的正、负输入端与地端连接起来，然后将差动放大器的输出端接至电压表的输入端，电压表量程放在 2V 档。打开仪器电源开关并按下差动放大器单元电源开关，调整差动放大器增益旋钮，置于最大，调整差动放大器上的调零旋钮，使电压表指示为零。稳定后，断开差动放大器电源，去掉差动放大器输入端的导线，V/F 表置于 20V 档。

电桥的初始平衡：① 转动测微计，将梁上振动平台中间的磁铁与测微头相吸，并使双平行梁处于水平位置（目测）；② 将直流稳压电源输出置于 4V 档，接通差动放大器电源，调整电桥平衡电位器 RP，使电压表指示为零；③ 稳定数分钟后，将电压表量程置于 2V 档，再仔细调零。

(4) 测量应变计电桥的输出电压

旋转测微计进行加载，使梁的自由端向下产生位移，每次位移 0.5mm，直至 4mm，记下电压表显示的数值；然后，卸载，每次位移 0.5mm 至零位；加载和卸载共反复三次，同时记录测试数据。

(5) 重新实验

断开差动放大器电源，将电压表量程返回到 20V 档；将应变片换成沿应变梁横向安装的补偿片重新进行实验。

选择半导体应变计，重新进行实验。

5. 实验报告

处理测试数据，分别作 $U-x$ 标定曲线和拟合曲线，计算测量装置的灵敏度 S_1、S_2、S_3。

6. 思考题

1) 电阻应变计主要应用于哪种物理量的测量，如何测量材料的泊松比？

2) 半导体应变计与箔式应变计相比有何特点？

4.2.2 实验 4 涡流传感器静态特性的测试

1. 实验目的

确定涡流传感器测量装置的灵敏度。

2. 实验设备

涡流传感器（包括涡流探头及涡流适配器）、铁测片、测微计、V/F 表。

3. 实验原理

涡流传感器测量装置的框图和参数变换原理如图 4-5 所示。

图 4-5 涡流传感器测量装置的框图和参数变换原理

测量装置的输入为测微计测微头的位移 x，输出为涡流适配器的输出电压 U。于是，涡流传感器测量装置的灵敏度为

$$S = \Delta U/\Delta x$$

4. 实验方法

(1) 调整涡流传感器的初始位置

转动测微计，将梁上振动平台中间的磁体与测微头相吸，并使双平行梁处于水平位置（目测）。被测体与涡流探头平面必须平行，并将探头尽量对准被测体中间（这时被测体即铁测片与涡流探头平面相接触），以减小涡流损失。

(2) 组成测量电路

检查各单元旋钮的初始位置，将 V/F 表置于 V 表 20V 档。

参考图 4-6a、b 所示涡流传感器测量装置的面板和电路原理图，将涡流探头、涡流适配器、电压表连接起来，组成测量电路。

(3) 测量

打开仪器电源开关，按下涡流变换器电源开关。

向下旋动测微计，使梁的自由端向下产生位移（刚开始时，电压表显示的数值为零，一直到有一定距离后才会发生变化，这时的数据作为起始数据）。每位移 0.25mm，记下一个电压表读数，直到位移 2mm。

5. 实验报告

根据测试数据作 $U-x$ 标定曲线和拟合曲线，计算线性范围内传感器的灵敏度 S。

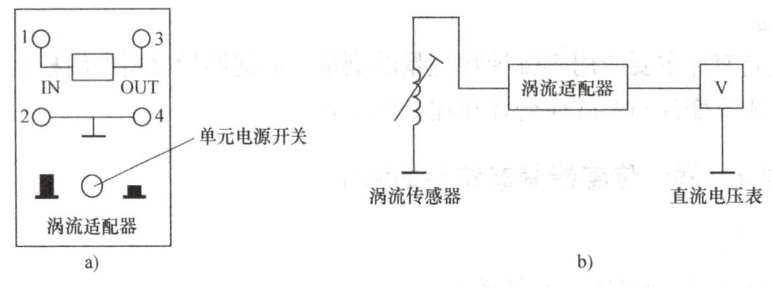

图 4-6 涡流传感器测量装置的面板和电路原理图

a) 面板 b) 电路原理图

6. 思考题

1) 当被测体为铁测片时，如何确定线性范围的中点位置（最佳工作点）及涡流传感器探头与铁测片的距离？

2) 在实际应用中，如何确定传感器的安装位置？

3) 涡流传感器有何特点？

4.2.3 实验 5 电容传感器静态特性的测试

1. 实验目的

确定变面积型电容传感器测量装置的灵敏度。

2. 实验设备

电容传感器、电桥、差动放大器、电容变换器、直流稳压电源、低通滤波器、V/F 表、测微计。

3. 实验原理

电容传感器测量装置的框图和参数变换原理如图 4-7 所示。

图 4-7 电容传感器测量装置的框图和参数变换原理

测量装置的输入为测微计测微头的位移 x,输出为电容变换器的输出电压 U。于是,电容传感器测量装置的灵敏度为

$$S = \Delta U / \Delta x$$

4. 实验方法

(1) 调整电容传感器的初始位置

转动测微计,将梁上振动平台中间的磁铁与测微头相吸,使双平行梁处于水平位置(目测),这时电容片的一组动片一般处于上下两组定片的中间。

(2) 组成测量电路

检查各单元旋钮的初始位置,将直流稳压电源置于 0V 档,V/F 表置于 V 表 20V 档,差动放大器增益旋钮置于中间位置。

参考图 4-8 所示电容传感器测量装置的电路原理图,组成测量电路。

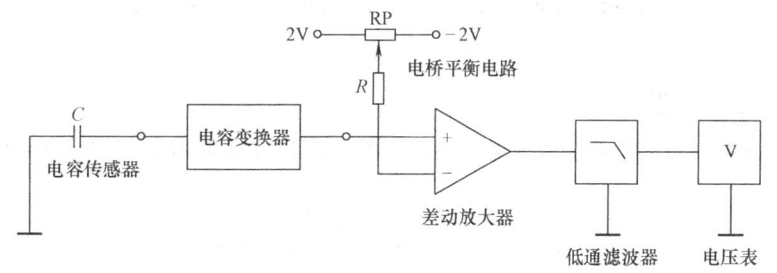

图 4-8 电容传感器测量装置的电路原理图

(3) 零位调整

打开仪器电源开关,按下所连接的各单元的电源开关,将直流稳压电源置于 2V 档,调整电桥平衡电位器 RP,使电压表指示为零。

（4）测量

向下旋转测微计，使梁的自由端向下产生位移，从而改变电容片的动片和定片的相对位置（改变极板的覆盖面积）。每位移 0.5mm，记一个电压表读数 U_1，直到位移 3mm。

以同样方式向上旋转测微计，使梁的自由端向上产生位移，记录实验数据 U_2。

5. 实验报告

根据测试数据作 $U-x$ 标定曲线和拟合曲线，计算电容传感器的灵敏度 S。

6. 思考题

1）梁的自由端向上位移，结果如何？

2）实验仪的电容传感器的介质是什么，如果改变介质，对电容传感器性能有何影响？

3）输入与输出是否保持线性关系，为什么？

4.2.4　实验6　压电传感器的测试

1. 实验目的

确定压电传感器测量装置的幅频特性。

2. 实验设备

压电传感器、电压放大器、低通滤波器、示波器、V/F 表、低频振荡器。

3. 实验原理

压电传感器测量装置的框图和参数变换原理如图 4-9 所示。

测量装置的输入为振动的加速度，输出为低通滤波器的输出电压 U。改变低频振荡器的频率，可以得到不同频率下输出电压的幅值。

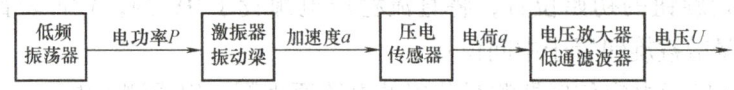

图 4-9　压电传感器测量装置的框图和参数变换原理

4. 实验方法

（1）组成测量电路

参照图 4-10，将压电传感器、电压放大器、低通滤波器和示波器连接起来，组成测

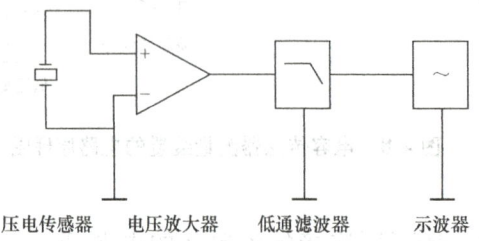

图 4-10　压电传感器测量系统的组成

量系统。并将低频振荡器的输出端与频率表的输入端相连。

(2) 测量

打开仪器电源开关,按下电压放大器、低通滤波器的电源开关,把示波器量程调到 2V 档。

将低频振荡器的幅度旋钮固定至适当的位置(实验过程中,以梁振动时不碰撞其他部件为佳)。

调节低频振荡器的频率,分别用频率表监测频率和用示波器测量幅值。激振频率可按如下序列选取:3Hz, 4Hz, 5Hz, 6Hz, 7Hz, 8Hz, 9Hz, 10Hz, 20Hz, 30Hz。

5. 实验报告

根据实验结果,画出测量系统的幅频特性曲线并且估计振动梁的固有频率。

6. 思考题

1) 压电传感器适用于哪些物理量的测量?

2) 如果改变传感器的质量,梁的自振频率是否会改变,为什么?

4.2.5 实验7 霍尔传感器静态特性的测试

1. 实验目的

确定霍尔传感器测量装置的灵敏度。

2. 实验设备

霍尔传感器、差动放大器、直流稳压电源及电桥平衡电路、V/F 表和测微计。

3. 实验原理

霍尔传感器测量装置的框图和参数变换原理如图 4-11 所示。

图 4-11 霍尔传感器测量装置的框图和参数变换原理

测量装置的输入为测微计测微头的位移 x,输出为差动放大器的输出电压 U。于是,霍尔传感器测量装置的灵敏度为

$$S = \Delta U / \Delta x$$

4. 实验方法

(1) 调整霍尔传感器的初始位置

双平行梁处于水平位置(目测),霍尔片应处于环形磁铁的中间。

(2) 组成测量电路

检查各单元旋钮的初始位置,直流稳压电源输出置于 0V 档,V/F 表置于 V 表 20V 档,差动放大器增益旋钮置于中间位置。

参照图 4-12 所示霍尔传感器测量装置的电路原理图,组成测量电路。

(3) 零位调整

向上转动测微计 2mm,使梁的自由端往上位移。

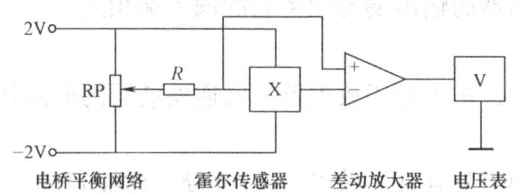

图 4-12 霍尔传感器测量装置的电路原理图

将直流稳压电源置于 2V 档（直流激励电压不能过大，以免损坏霍尔片），调整电桥平衡电位器 RP，使电压表指示为零。稳定数分钟后，将电压表量程置于 2V 档，再仔细调零。

（4）测量

向下旋动测微计，使梁的自由端产生位移，每次位移 0.4mm，直至 3.2mm。记录位移和输出电压（mV）。

5. 实验报告

根据测试数据作 $U-x$ 标定曲线和拟合曲线，计算霍尔传感器的灵敏度 S。

6. 思考题

解释霍尔片应处于环形磁铁的中间的原因。

4.3 传感器的应用

4.3.1 实验 8 箔式应变计在电子秤中的应用

1. 实验目的

用箔式应变计组成一个电子秤，并进行标定。

2. 实验设备

箔式应变计、直流稳压电源、差动放大器、电桥、V/F 表、测微计和砝码。

3. 实验原理

箔式应变计电子秤的结构框图及其参数变换过程如图 4-13 所示。

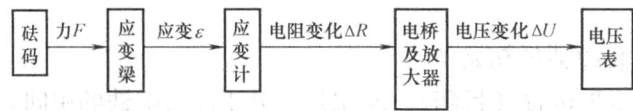

图 4-13 箔式应变计电子秤的结构框图及其参数变换过程

4. 实验方法

（1）检查各单元旋钮的初始位置

直流稳压电源输出置于 0V 档，V/F 表置于 V 表 20V 档，差动放大器增益旋钮置于最大位置。

（2）组桥

参照图 4-4 组成测量电路。

（3）调整应变梁

转动测微计，使测微头与梁上振动平台中间的磁铁分离，并将测微头缩至测微计中，使梁振动不受磁力作用。这时，平行梁处于自由静止状态。

（4）调整测量电路

参见 4.2.1 小节。

（5）测量

在振动平台中间加上不同重量的砝码（加载砝码时，必须轻拿轻放，最好能用手扶一下平台，平衡梁的自由端在加减砝码时不能与其他零件相碰），记录电压表的读数。

砝码的加载可按如下序列进行：10g, 20g, 30g, 40g, 50g, 60g, 70g, 80g。然后，去掉砝码，在振动平台中间加上一个被测量 W_1，记录电压表的读数。

5. 实验报告

根据测试数据作电子秤的标定曲线和拟合曲线，确定灵敏度和被测量的值。

6. 思考题

将这个电子秤方案投入实际应用，哪些部分需要改进？

4.3.2　实验 9　霍尔传感器在电子秤中的应用

1. 实验目的

用霍尔传感器组成一个电子秤，并进行标定。

2. 实验设备

霍尔传感器、直流稳压电源及电桥平衡电路、差动放大器、V/F 表、测微计和砝码。

3. 实验原理

霍尔传感器电子秤的结构框图及其参数变换过程如图 4-14 所示。

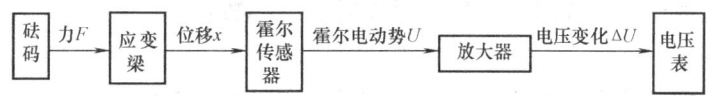

图 4-14　霍尔传感器电子秤的结构框图及其参数变换过程

4. 实验方法

参见 4.3.1 小节。

5. 实验报告

根据测试数据作电子秤的标定曲线和拟合曲线，确定灵敏度和被测量的值。

6. 思考题

1）将此电子秤方案投入实际应用，哪些部分需要改进？

2）比较以上两种电子秤的优缺点。

第 5 章 测量信号的采集与分析

5.1 计算机数据采集与分析系统

5.1.1 计算机数据采集系统

1. 计算机数据采集系统的构成

计算机数据采集系统的一个信号采集通道的构成如图 5-1 所示，包括传感器、信号调理器、A/D 转换器和电子计算机等环节。根据 A/D 转换器的要求，信号调理器一般包括放大器和滤波器，也可能具有调制、解调和隔直流等功能。

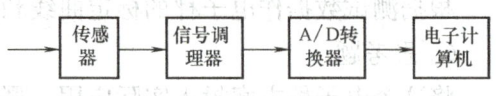

图 5-1 数据采集系统的一个信号采集通道的构成

A/D 转换器的分辨力可用量化单位表示，它是数字量最低位代表的数值，即

$$q = \frac{FSR}{2^n}$$

式中　　FSR——量程；

　　　　n——A/D 转换器的位数。

舍入处理的量化误差为 $\pm q/2$。A/D 转换器每增加一位字长，量化信噪比将增加 6dB。如果用于振动信号分析，A/D 转换器的位数应至少为 12。

2. 数据采集参数的确定

对于计算机数据采集程序，一般需要设置如下参数：

（1）采样频率

根据采样定理，采样频率应大于被测信号最高频率的 2 倍，一般取 2.56 倍。

（2）窗函数

一般默认设置为矩形窗，常用窗函数的频域性能指标见表 5-1。

表 5-1　常用窗函数的频域性能指标

窗函数的类型	−3dB 带宽/Δf	最大旁瓣峰值/dB	旁瓣谱峰衰减速度/dB·oct^{-1}
矩形	0.89	−13	−6
三角	1.28	−27	−18
汉宁	1.44	−32	−18
哈明	1.30	−43	−6
高斯	1.55	−55	−6
布莱克曼	1.68	−56	−18

(3) 点数

点数指数据文件中被测量的数据点数,一般以块为单位,每块 1024 点。

(4) 触发方式

这里指的是启动数据采集程序的方式。可以通过键盘或鼠标输入采集命令。自由触发是收到命令后立即开始数据采集;正触发和负触发分别是信号为正值和负值时启动数据采集,这时,可以设置触发电平,信号达到这个"门槛"值时开始触发。

(5) 触发延迟

从收到采集命令到开始采集数据之间间隔的时间或数据点数。负延迟表示把收到采集命令之前的数据存入数据文件,便于获得完整的瞬态波形。

(6) 工程单位

测量数据的单位,可以选择被测量的单位,也可采用输出量即电量的单位。

(7) 标定系数

根据标定(校准)结果输入的被测量值的修正系数,或者为了作单位换算输入的系数。注意:不同厂家的定义不同,有可能是乘数或除数,使用时需要通过验证。

5.1.2 信号的时域和频谱分析

信号分析常用的时域和频域函数及其对应关系见表 5-2。

表 5-2 信号分析常用的时域和频域函数及其对应关系

时域描述	频域描述	说　明
$x(t) = \int_{-\infty}^{\infty} X(f) e^{j2\pi ft} df$	$X(f) = \int_{-\infty}^{\infty} x(t) e^{-j2\pi ft} dt$	信号 $x(t)$ 与其频谱 $X(f)$ 为傅里叶变换对
$R_x(\tau) = E[x(t)x(t+\tau)]$	$S_x(f) = \lim_{T \to \infty} \frac{1}{T} \|X(f)\|^2$	信号的平均功率
$R_x(\tau) = \int_{-\infty}^{\infty} S_x(f) e^{j2\pi f\tau} df$	$S_x(f) = \int_{-\infty}^{\infty} R_x(\tau) e^{-j2\pi f\tau} d\tau$	自相关函数与自功率谱密度函数为傅里叶变换对
$R_{xy}(\tau) = E[x(t)y(t+\tau)]$	$S_{xy}(f) = \lim_{T \to \infty} \frac{1}{T} [X(f)Y(f)]$	相关功率
$R_{xy}(\tau) = \int_{-\infty}^{\infty} S_{xy}(f) e^{j2\pi f\tau} df$	$S_{xy}(f) = \int_{-\infty}^{\infty} R_{xy}(\tau) e^{-j2\pi f\tau} d\tau$	互相关函数与互功率谱密度函数为傅里叶变换对
$\rho_{xy} = \dfrac{\sigma_{xy}}{\sigma_x \sigma_y}$	$\gamma_{xy}^2 = \dfrac{S_{xy}(f)}{S_x(f)S_y(f)}$	相关系数和相干函数分别在时域和频域表示相关性

5.2 虚拟仪器的设计

5.2.1 虚拟仪器概述

1. 虚拟仪器的特点

虚拟仪器是以计算机为基础的测试平台，在计算机显示屏的虚拟面板上，用软件实现测试分析功能的计算机数据采集与分析系统。

虚拟仪器由仪器硬件、硬件接口和计算机上运行的虚拟仪器软件组成。测量系统的各种功能，例如硬件的通信和控制、信号的分析和处理、结果的显示和输出，主要通过软件实现。

2. 虚拟仪器的开发步骤

1) 确定虚拟仪器的接口形式。例如 DAQ、GPIB、VXI 和 PXI 标准接口总线或接口标准。

2) 选择相应的接口卡。

3) 安装接口卡的设备驱动程序（现有或需要开发的）。

4) 开发应用程序。可采用通用编程语言，也可采用专用语言例如 LabVIEW 和 LabWindows/CVI。

5.2.2 实验10 基于 LabVIEW 的虚拟仪器的设计

1. 实验目的

以 NI 公司的数据采集卡和虚拟仪器软件 LabVIEW 为开发平台，设计开发虚拟示波器和虚拟频谱分析仪。虚拟仪器（VI）的主要功能如下：

1) 虚拟示波器：实现双通道波形显示，可控图形显示参数，并能存储数据文件。

2) 虚拟频谱分析仪：对被测信号作 FFT 分析，显示幅值谱、相位谱和功率谱的图像。

2. 实验设备

本虚拟仪器的硬件系统由 CB-68LP 信号转接板、PCI-6024E 数据采集卡（DAQ 卡）和通用电子计算机组成。

3. 实验原理

虚拟仪器的结构如图 5-2 所示。

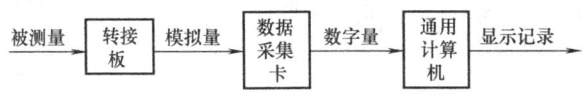

图 5-2 虚拟仪器的结构

PCI-6024E 数据采集卡是 NI 公司生产的多功能接口卡，它集成了 12 位 A/D 转换器、12 位 D/A 转换器、16 路单端接地模拟输入通道、8 位或 24 位并行 I/O 线（5V/TTL）和两路 24 位定时器/计数器。它支持 DMA 方式和双缓冲模式，保证了实时信号不间断采集与存储。在双极性时，输入电压范围为 100mV、1V、10V 和 20V。最高采样频率为 200kHz。

在 LabVIEW 中安装和配置 DAQ 卡的主要步骤如下：

1）安装硬件 DAQ 卡。
2）用 I/O 工具选择地址和中断等基本参数。
3）使用 DAQ Channel Wizard 配置 I/O 通道。
4）进行 LabVIEW DAQ 编程。

4. 实验方法

(1) 硬件的安装

将 PCI-6024E 数据采集卡插到计算机主板上的一个空闲 PCI 插槽中并接好附件，其中包括一条 50 芯的数据线和 CB-68LP 转接板，转接板直接与外部信号连接，各引脚的定义如图 5-3 所示。

ACH0	AIGND	ACH9	ACH2	AIGND	ACH11	AISENSE	ACH12	ACH5	AIGND	ACH14	ACH7	AIGND	AOGND	AOGND	DGND	DIO0	DIO5	DGND	DIO2	DIO7	DIO3	SCANCLK	EXTSTROBE*	DGND	PF12/CONVERT*	PF13/GPCTR1_SOURCE	PF14/GPCTR1_GATE	GPCTR1_OUT	DGND	PF17/STARTSCAN	PF18/GPCTR0_SOURCE	DGND	DGND
68	67	66	65	64	63	62	61	60	59	58	57	56	55	54	53	52	51	50	49	48	47	46	45	44	43	42	41	40	39	38	37	36	35
34	33	32	31	30	29	28	27	26	25	24	23	22	21	20	19	18	17	16	15	14	13	12	11	10	9	8	7	6	5	4	3	2	1
ACH8	ACH1	AIGND	ACH10	ACH3	AIGND	ACH4	AIGND	ACH13	ACH6	AIGND	ACH15	DAC0OUT¹	DAC1OUT¹	RESERVED	DIO4	DGND	DIO1	DIO6	DGND	+5V	DGND	DGND	PF10/TRIG1	PF11/TRIG2	DGND	+5V	DGND	PF16/UPDATE*	PF16/WFTRIG	DGND	PF19/GPCTR0_GATE	GPCTR0_OUT	FREQ_OUT

图 5-3 CB-68LP 转接板引脚的定义

(2) 驱动程序的安装及 I/O 配置

运行 NI-DAQ 设备安装程序 setup.exe，即可自动完成驱动程序的安装。然后可以在系统中配置指定的数据采集卡。

安装之后，桌面上会添加一个 Measurement & Automation Explorer 图标，双击该图标，就会弹出 Measurement & Automation Explorer 的主窗口，如图 5-4 所示。

打开 Devices and Interfaces 菜单，选中 PCI-6024E 数据采集卡即可进入其配置界面。

在菜单中选中 Properties...，就会出现 PCI-6024E 数据采集卡的配置对话框，对话框共分为五个部分：System、AI、AO、Accessory 和 OPC，具体操作如下：

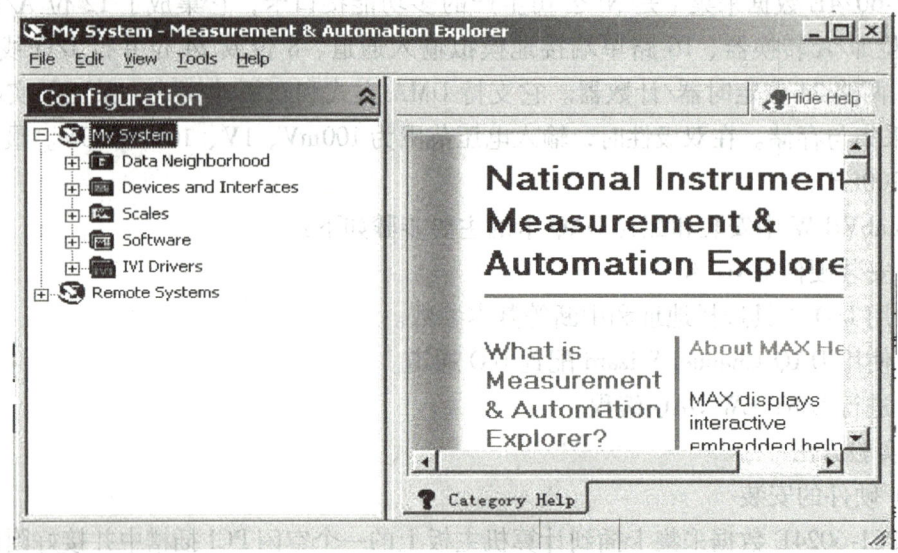

图 5-4　Measurement & Automation Explorer 的主窗口

1) 设置 DAQ 设备在系统中的设备 (Device) 编号。

在 System 窗口中将 Device 属性值设为 1, 在 DAQ 编程应用中, 若将参数 Device 值设为 1, 就可以控制 PCI-6024E 数据采集卡。同时, 系统窗口会列出 DAQ 设备在 Windows 中所占用的资源, 例如中断号、内存范围等。

2) 设置模拟输入 (AI) 属性。

在 AI 窗口中, 将 Polarity 属性值设为 -10.0~10.0V, 将 Mode 属性值设为 referenced single ended (单端输入)。

3) 设置模拟输出 (AO) 属性。

在 AO 窗口中, 将 Polarity 属性值设为 Bipolar (双极性)。

4) 设置附件 (Accessory)。

在 Accessory 窗口中, 将 Accessory 属性值设为 CB-68LP。

5) 设置过程控制 (OPC)。

在 OPC 窗口中, 将 OPC 属性值设为 Disabled。

6) 结束安装。

单击 System 窗口中的 "Test Resources" 按钮, 就会弹出一个对话框, 告知用户 DAQ 设备是否通过测试。

(3) 通道属性的配置

使用 DAQ 设备的模拟输入或数字 I/O 功能之前, 必须配置设备的通道。在 Measurement & Automation Explorer 中配置通道的步骤如下:

1) 在 Data Neighborhood 的菜单中选中 Creat New..., 并在 Creat New... 的对话框中选择 Traditional NI-DAQ Virtual Channel, 然后单击 "finish" 按钮。

2) 在 Create New Channel 对话框中, 设置通道的类型为 Analog Input。

3) 在 Enter Channel Name and Description 对话框中，将通道名称设置为通道 1，并填写适当的通道描述。通道名称可由用户指定，编写 DAQ 程序时，可以用这个名称直接控制该通道。通道描述为用户查看通道设置提供方便的信息。

4) 在 Channel Wizard 对话框中将单位（Unit）设为 Volts，量程设置为 -10~10V。

5) 将信号的缩放比例因子设置为 No Scaling。

6) 将 DAQ 硬件指定为 Dev1PCI-6024E，将通道编号设定为 0，模拟输入模式选择 referenced single ended，然后单击"完成"按钮。可以用同样的方法设置其他的模拟通道。

如果要更改通道的属性值，需要在 Measurement & Automation Explorer 窗口中进行。选中 Measurement & Automation Explorer 窗口中的 Neighbourhood 图标，Measurement & Automation Explorer 就会将前面设置的通道 1 和通道 2 等列出。如果需要修改，则选中被修改的通道，然后在弹出的菜单中选择 Propertie...，就可在 Analog Input Configuration 对话框中进行通道属性的更改。

5. 虚拟示波器的设计

虚拟示波器的前面板在外形上尽量模仿传统示波器的外观，它的前面板和程序框图如图 5-5 和图 5-6 所示，整个前面板分为数据采集区、波形显示区、数据分析区，还有对实验波形、数据的保存和打开的按钮控制。

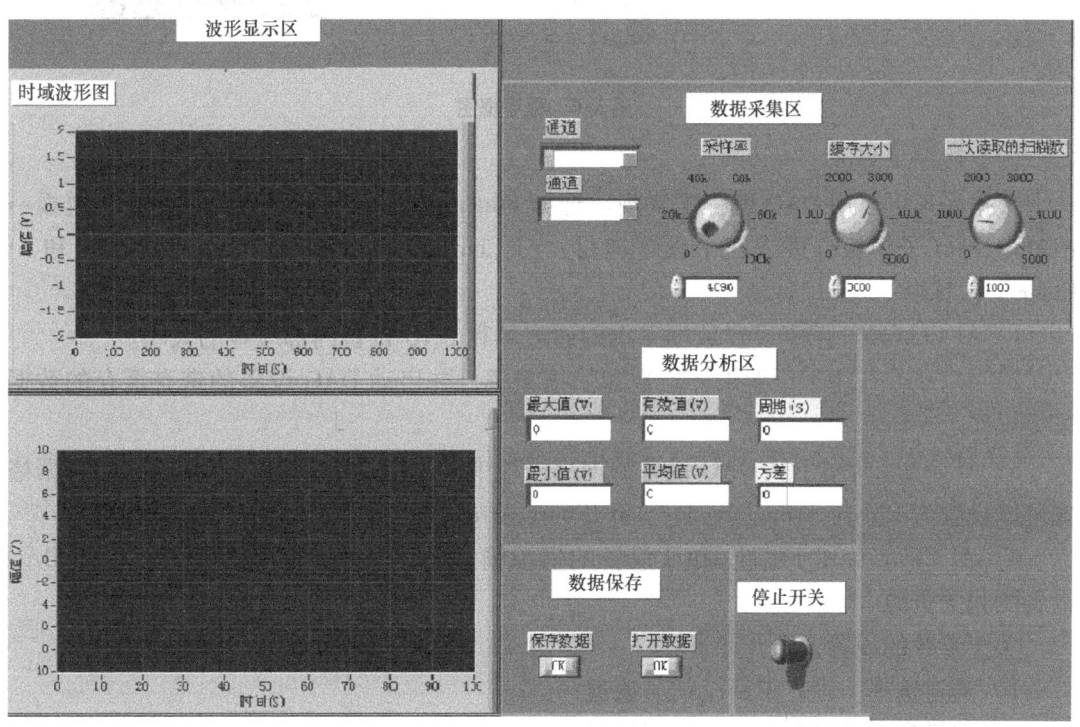

图 5-5 虚拟示波器的前面板

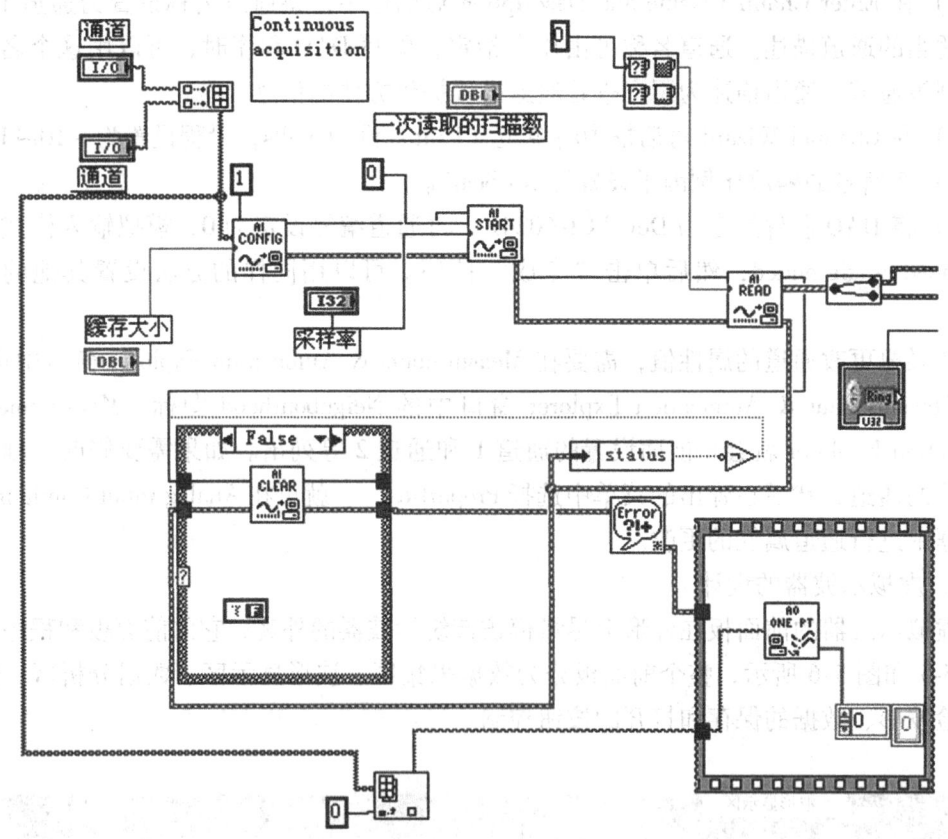

图 5-6 程序框图

(1) 数据采集区

数据采集可以用 DAQ 编程来实现。选择 Functions 模板→Data Acquisition 子模板→Analog Input 子模板，进入四个设置项目：AI Config. vi，AI Start. vi，AI Read. vi 和 AI Clear. vi，其中：

1) AI Config. vi 用于设置数据采集的通道数和 DAQ 设备内部缓存的大小。

2) AI Start. vi 用于设置采样点数和扫描频率，并启动 DAQ 设备的带有缓存的数据采集操作。

3) AI Read. vi 用于从 DAQ 设备的内部缓存中读出指定的数据。节点返回的数据格式可以设置为 Binary Array，Scaled and Binary Arrays，Scaled Array 或 Waveform。

4) AI Clear. vi 用于终止 DAQ 设备的模拟输入操作，并删除相关配置，释放 DAQ 设备的相关资源。

关于参数的设置，简介如下：

1) 通道选择。设立了两个信号通道；

2) 采样率。采样率的设置须服从采样定理；

3) 缓存大小。缓存大小指缓存器所支持的扫描点数；

4) 一次读取的扫描数。一次读取的扫描数指每次读取的信号点数。

(2) 波形显示区

波形显示区用到了 LabVIEW 图形显示件中的 waveform graph 控件，它可以设置波形的各种属性，可以通过不同的名称、数据点风格、线型、线宽和颜色等区分不同的波形。

用一个"Tab Control"控制"Graph Inds"分别显示两个通道信号以及保存信号。

利用波形显示控件自带的控制模板，不但可以快捷地调整控件外观，还可以在程序运行中实现波形的动态调整，例如放大、缩小或移动所显示的波形。改变 X 轴和 Y 轴的刻度值，可以有针对性地对波形中的重要部分进行详细的观察。

(3) 数据分析区

在数据分析区，可以对时域波形进行统计分析，利用图 5-7 所示函数，可以分别得出振动信号的最大值、最小值、平均值、有效值、方差和信号的周期等。

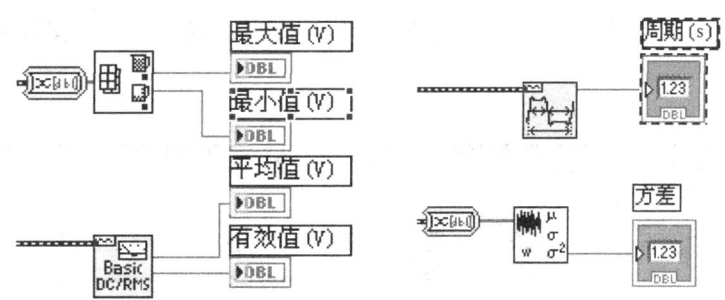

图 5-7 信号分析使用的函数

(4) 保存区

波形文件的存储功能可以把由 Signal Generator by Duration.vi 节点产生的标准信号存储于指定的文件中。

LabVIEW 的文件 I/O 函数能够读或写任何文件格式。三种最常见的文件格式如下：

1) ASCII 码文本格式字节流文件。ASCII 码文本格式字节流文件即文本文件，可以被任何其他文本编辑器打开，具有很好的直观性和兼容性。这种文件的读写需要进行字符串格式和数值格式的转换，要占据很多的时间和存储器。

2) 二进制格式字节流文件。二进制格式字节流文件一般包括存储于用户计算机内的数据的位图像，它无法用字处理程序查看，也无法被不具备详细文件格式信息的程序所读取。二进制文件的优点在于所占容量小，在读写操作中无需数据转换，读写速度比较快，被记录的文件便于导入其他程序，所以，一般程序多用数据表文件和二进制文件格式对数据采集文件进行读写。

3) LabVIEW 数据流格式文件。这是一种特殊的二进制文件，它的基本数据单元为特定结构的记录，这些记录可以是 LabVIEW 的任何数据类型，也可以是它们的组合，同一个文件的数据必须有相同的结构。

在保存区，主要设置了"保存"和"打开"两个按钮。如果需要保存数据以及波形，可以单击"保存"按钮，选择保存路径对波形和实验数据进行保存；如果需要直接调用上一次实验的数据进行分析，可以直接通过"打开"按钮，打开已经保存的实验波形和数据文件。

在程序中，可以应用 Case 结构，把保存的程序放在实验结构的 while 循环中，当实验结束时，可以直接对波形和数据进行保存。

数据存储程序的流程如下：

1）使用 File Dialog.vi 打开对话框，并选择文件路径。
2）使用 New File.vi 创建一个新的文件。
3）使用 Close File 节点关闭数据文件。

保存程序的框图如图 5-8 所示，在前面板上，可利用 Controls 模板→Buttons 子模板→"Button"生成"保存"按钮。当在前面板中运行程序时，点击"保存"按钮，在弹出的界面上，给定文件名之后，点击"OK"按钮，就可以保存文件了。

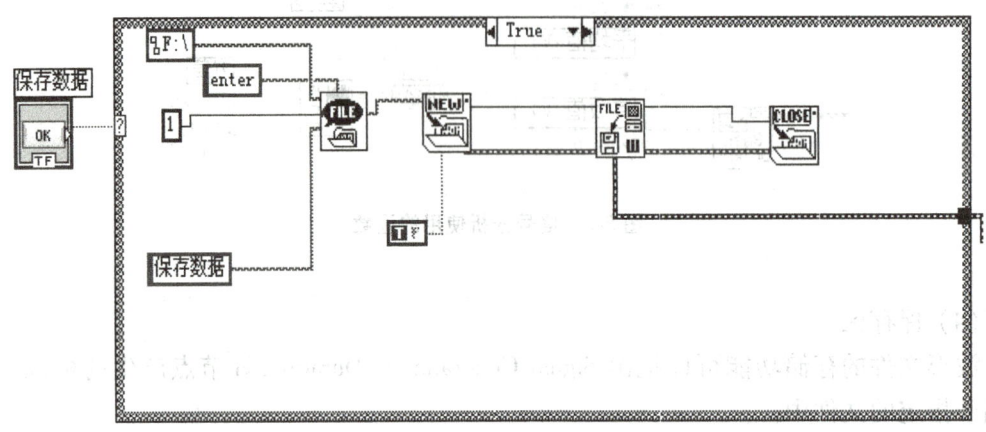

图 5-8　保存程序的框图

6. 虚拟频谱分析仪的设计

本实例用确定的周期信号和随机噪声的混合输入验证虚拟仪器的频谱分析功能，基本步骤如下，供参考。

（1）生成模拟信号

在 LabVIEW 的框图窗口中，单击右键出现 function 工具栏，选择函数 Functions→All Functions→Analysis→signals processing→Signal General.vi 和 Gaussian White Noise.vi，如图 5-9 所示。

（2）两信号的叠加

放置 add 函数：Functions→All Functions→Numeric→Add，如图 5-10 所示。

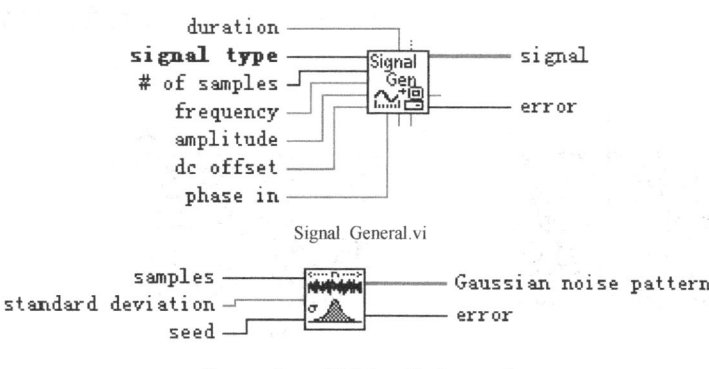

图 5-9 选择信号函数

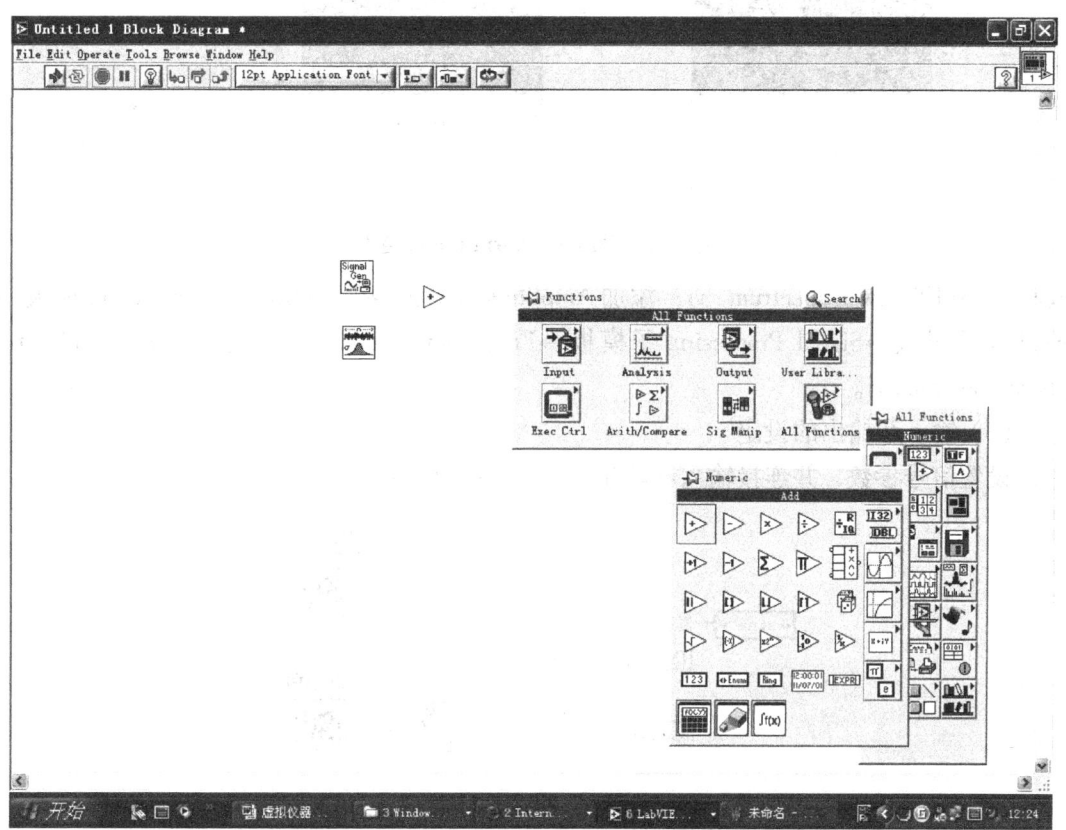

图 5-10 选择信号 add 函数

(3) 前面板的设计

前面板中,添加四个 waveform graph 控件,controls→graph inds→waveform graph;同时修改 text,如图 5-11 所示。

(4) 调用频谱分析函数

添加 Function 模板→Analyze 子模板→Signal Processing 子模板→Frequency Domain 子

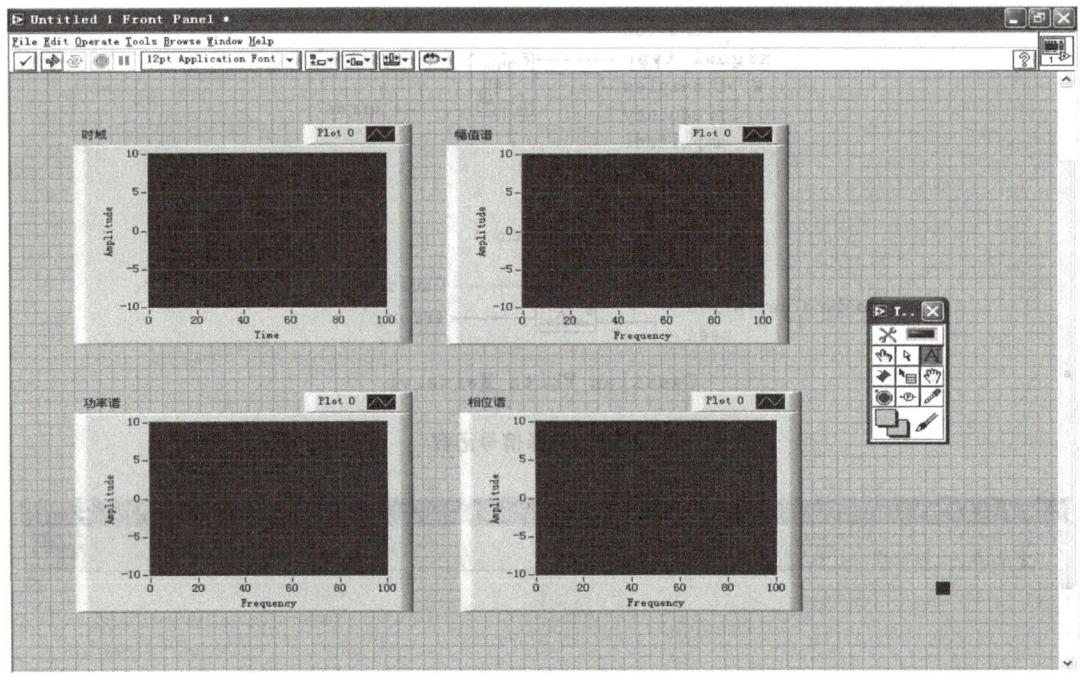

图 5-11　添加 waveform graph 控件

模板中→FFT Power Spectrum．vi；添加 Amplitude and phase spectrum．vi：Function 模板→Analyze 子模板→Signal Processing 子模板→Frequency Domain 子模板中→Amplitude and phase spectrum．vi。

（5）输入和输出的设定

设置信号参数，并连接输入和输出，如图 5-12 所示。

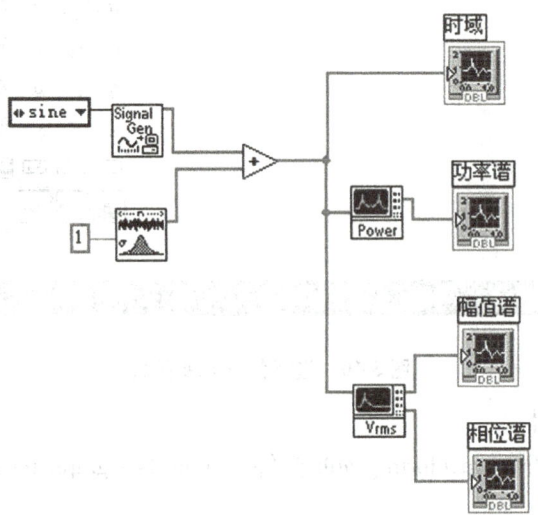

图 5-12　设置信号参数

(6) 运行程序

运行结果将在图 5-11 所示控件的窗口中显示。

7. 实验报告

给出虚拟仪器的测试方法和测试结果。其中虚拟示波器可用信号发生器，虚拟频谱分析仪采用程序生成的模拟信号进行验证。

8. 思考题

1) 什么是虚拟仪器，它与传统仪器相比有哪些优点？

2) 选择数据采集卡或其他数据采集装置时，应考虑哪些技术参数？

3) 采集数据之前应设置哪些参数，选择这些参数的依据是什么？

第6章 力参数和振动参数的测量

6.1 力参数的测量

6.1.1 实验 11 电阻应变计的安装

1. 实验目的

用电阻应变计在等强度梁上布片和组桥，组成等强度梁传感器，供应变测量等实验使用。

2. 实验设备

欧姆表、电桥、绝缘电阻表（旧称兆欧表）、放大镜、箔式电阻应变计、砂纸、铅笔、直尺、镊子、无水酒精或丙酮的棉球、502 胶或环氧树脂型粘结剂、玻璃纸、绝缘套管、接线端子、导线、电烙铁、焊锡、松香、硅橡胶、胶带、白布带、白胶布和油笔。

3. 实验原理

等强度梁及应变计的布置方式如图 6-1 所示。对于等强度梁，当等腰三角形顶点受集中力 F 的作用时，梁的各点的轴向应变值为

$$\varepsilon = \frac{6Fl}{b_0 h^2 E}$$

式中　l、b_0——等强度梁的等腰三角形的高和底边的长度（m）；

　　　　h——等强度梁的厚度（m）；

　　　　E——材料的弹性模量（Pa）；

　　　　F——集中力（N）。

当载荷固定时，等强度梁各点的应变是相等的。等强度梁的常数定义为

$$A = \varepsilon / F$$

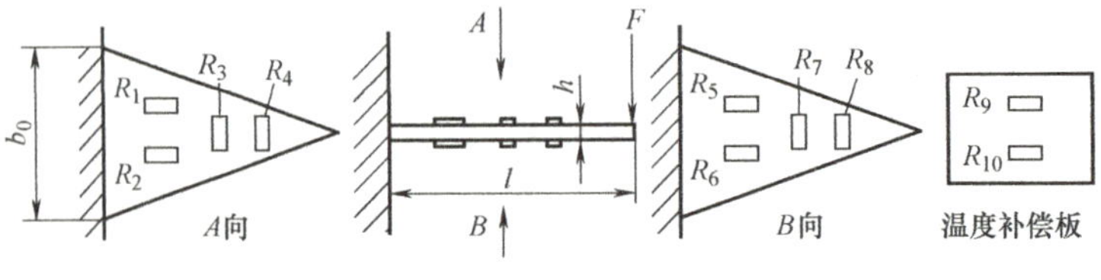

图 6-1　等强度梁及应变计的布置方式

4. 实验方法

箔式电阻应变计的安装采用常温常压固化的方式，实施步骤如下：

（1）检查和分选应变计

用放大镜作应变计的外观检查，用绝缘电阻表和电桥测量和分选应变计。

（2）试件的表面处理

用砂纸打磨试件表面，用铅笔和直尺画线，用镊子夹持无水酒精或丙酮等试剂的棉球清洁表面。

（3）贴片

用502胶或环氧树脂型粘结剂，用小镊子拨正，上覆玻璃纸等不被粘结的薄膜后，挤压出多余的胶水和气泡。基本固化后，去掉薄膜。

（4）检查

用放大镜作粘贴质量的外观检查，用绝缘电阻表检查敏感栅与试件的绝缘电阻。

（5）接线

用绝缘套管保护引线，通过接线端子连接导线。焊接器材有电烙铁、焊锡、松香等。

（6）检查

用绝缘电阻表检查电桥各桥臂的阻值。

（7）防护

用硅橡胶等防护剂防护，用胶带和白布带包扎，并在导线上用白胶布和油笔作标记。

（8）检查

24h之后，检查各桥臂阻值和绝缘电阻。

5. 实验报告

说明等强度梁的布片方式，电阻应变计的最终检查结果。

6. 思考题

温度补偿板有何用途？对温度补偿应变计和温度补偿板有何要求？接入电桥时应注意什么问题？

6.1.2 实验12 静态应变测量

1. 实验目的

对等强度梁进行标定，并验证电桥的输出特性。

2. 实验设备

已安装电阻应变计的等强度梁、静态应变计和标准应变模拟计。

3. 实验原理

静态应力测量系统的框图和参数转换过程如图6-2所示。

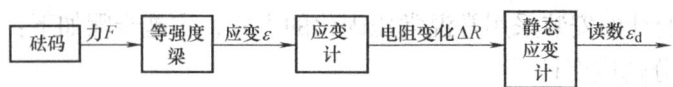

图 6-2 静态应力测量系统的框图和参数转换过程

等强度梁及其应变计的布置方式可参考图 6-1。图 6-3 所示为一个电桥电路，电桥的输出电压

$$u_{BD} = \frac{1}{4} u_0 K (\varepsilon_1 - \varepsilon_2 + \varepsilon_3 - \varepsilon_4)$$

式中　　u_0——电桥的电源电压；

　　　　K——应变计的灵敏度系数；

ε_1，ε_2，ε_3，ε_4——应变计 R_1，R_2，R_3 和 R_4 测量的应变值。

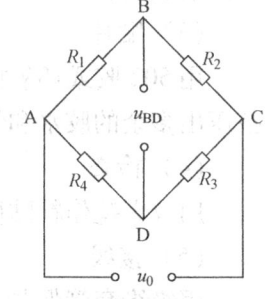

图 6-3 电桥电路

4. 实验方法

(1) 校准静态应变计

把标准应变模拟计的信号作为静态应变计的输入，给出 $50\mu\varepsilon$，$100\mu\varepsilon$，$150\mu\varepsilon$，$200\mu\varepsilon$，$250\mu\varepsilon$ 的标准应变，校准静态应变计。

(2) 连接测量电路

在等强度梁上选择应变计，组成测量电桥，如图 6-4a 所示。电桥盒的接线端子如图 6-4b 所示，其中 R_0 是接线盒内部的精密无感电阻，采用半桥时，可用导线连接这两个电阻。接线时，测量电桥的电源端 A、C 分别接端子 $+E_g$、$-E_g$；测量电桥的输出端 B、D 分别接端子 V_i+、V_i-。

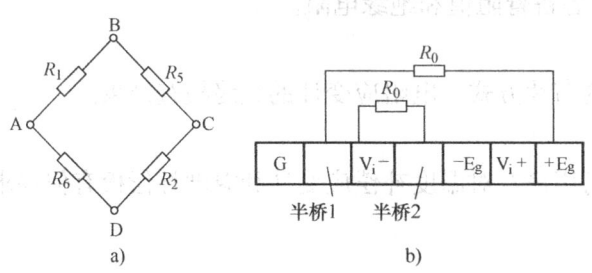

图 6-4 测量电桥和电桥盒的接线端子

a) 测量电桥　b) 电桥盒的接线端子

(3) 测量

首先使电桥平衡。准备 5 个 1kg 砝码，加载时，每次测量增加一个砝码；卸载时，每次测量减少一个砝码。重复进行三次加载和卸载的测量，完整地记录实验数据。

由电桥的输出特性可知，仪表读数 ε_d 是实际应变值 ε 的 4 倍，即

$$\varepsilon = \frac{1}{4} \varepsilon_d$$

（4）验证电桥的输出特性

分别采用半桥单臂工作、半桥双臂工作和全桥双臂工作方式，加载5kg砝码，测量应变。

5. 实验报告

根据测量数据作标定曲线和拟合曲线，确定等强度梁常数和线性误差。

比较各种测量方式的结果，说明电桥的输出特性。

6. 思考题

1）在工程测试中，如何利用电桥的输出特性？

2）说明在测量中产生的测量误差的类型和原因。

6.1.3 实验13 传动轴转矩的标定

1. 实验目的

对传动轴的转矩测量进行标定。

2. 实验设备

模拟小轴、小轴转矩加载装置、砝码、数据采集仪、计算机分析系统、电阻应变计及其安装用的材料和工具。

3. 实验原理

本实验采用模拟小轴法标定，基本原理如下：

传动轴转矩（N·m）的计算式为

$$T = \frac{\pi D^3}{16} \frac{E\varepsilon}{1+\mu}$$

式中　D——传动轴的直径（m）；

　　　E、μ——传动轴材料的弹性模量（Pa）和泊松比；

　　　ε——传动轴轴线45°方向的正应变。

用传动轴同样的材料制成模拟小轴即标定轴，并在小轴上采用和传动轴同样的条件和方式测量应变，标定轴转矩（N·m）的计算公式为

$$T_r = \frac{\pi d^3}{16} \frac{E\varepsilon_r}{1+\mu}$$

式中　d——标定轴的直径（m）；

　　　E、μ——传动轴材料的弹性模量（Pa）和泊松比；

　　　ε_r——标定轴轴线45°方向的正应变。

要实现两轴承受相等剪应力，则有 $\varepsilon = \varepsilon_r$，于是，有

$$T = \left(\frac{D}{d}\right)^3 T_r$$

如果对标定轴施加确定的转矩，就可以标定传动轴的转矩。

转矩标定系统的组成如图6-5所示。

图 6-5 转矩标定系统的组成

4. 实验方法

(1) 安装应变计和组桥

标定轴与实测轴采用相同的布片和组桥方式，如图 6-6 所示。

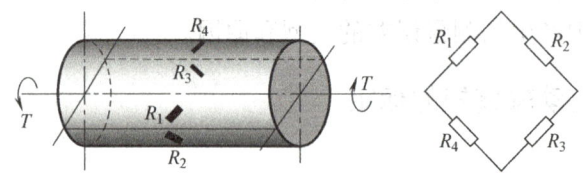

图 6-6 标定轴的布片和组桥方式

(2) 估计测量范围

本实验的小轴直径为 30mm，根据传动轴的负载估计小轴的测量范围，本次标定的加载范围确定为 0~50N·m。

(3) 组成测量系统

把小轴安装在转矩加载装置上，该装置的加载力臂为 1m。

参照图 6-5 连接仪器设备。

(4) 测量

进行平衡和清零操作。加载 5kg 砝码，调整测量系统的修正系数，使输出值为 49N·m。重新加载，每次增加 1kg 砝码，直至 5kg 砝码的最大载荷，然后以每次减少 1kg 砝码的方式卸载，反复 3 次，同时记录仪表读数 T_r，注意在系统稳定状态下读数。

5. 实验报告

作标定曲线和拟合曲线，确定标定系数，分析标定误差。

6. 思考题

1) 如何减少在测试过程中的干扰和噪声？

2) 如何确定小轴的实际剪应力？

3) 在小轴测试中，如何消除附加弯矩的影响？

6.2 振动参数的测量

6.2.1 振动测量基础

1. 机械振动的分类

(1) 根据信号的特点分类

机械振动分为确定性振动和随机振动两大类：

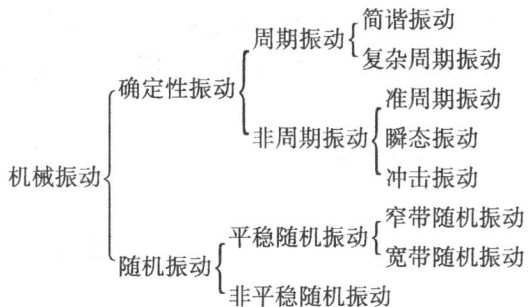

（2）按振动系统的特性分类

线性振动（linear vibration）：可以用线性微分方程描述的振动。一般情况，按照线性系统进行振动分析。

非线性振动（nonlinear vibration）：系统中的某个或某几个参数具有非线性性质，只能用非线性微分方程描述的振动。非线性振动与线性振动有许多不同的特性，例如自由振动的频率不仅和系统参数有关，而且还与振幅有关。

（3）按动力学分类

按动力学特征，机械振动可分为自由振动、受迫振动、自激振动和参数振动。

自由振动（free vibration）：去掉激励或约束之后所出现的振动。

受迫振动（forced vibration）：外部周期性激励所引起的稳态振动。

自激振动（self-excited）：在非线性机械系统内，由非振荡能量转变为振荡激励所产生的振动。

参数振动（vibration of parametric excitation）：外来的作用按一定规律引起系统参数（例如摆长、弦或传送带张力、轴的截面惯性矩或刚度等）的变化而产生的振动。

2. 常用的振动传感器

振动传感器按被测量可分为位移、速度和加速度等类型，测量系统的输出量可以是电压或电流。

振动传感器按照参考坐标可分为相对式传感器和绝对式传感器。

相对式传感器（relative transducer）：以空间某一固定点为参考点，测量相对于参考点的运动量，传感器被固定在参考点。

绝对式传感器（absolute transducer）：又称为惯性式传感器（seismic pick-up），测量相对于地球惯性系统的运动量，即利用惯性系统中有关元件的相对运动产生输出信号，传感器被固定在试件上。

（1）涡流式位移传感器

涡流式位移传感器的主要特点是非接触测量，对于旋转机器径向轴承的检测，它是首选的振动传感器。一般在同一个轴承安装两个涡流测量系统，探头相隔90°安装，测量相对振动。如果把输出信号接到一个示波器，则可以得到合成的轨迹。

为了减小测量误差，安装涡流传感器时，要注意以下几点：

1）要使探头与被测轴的中心线正交，若偏离 1°~2°，就会影响灵敏度。

2）探头嘴的侧面必须留出间隙，以防止对射频场互相干扰。

3）因为涡流传感器对表面粗糙度也是敏感的，所以探头前面要留出 3 倍探头直径的光滑区域。

4）因为对材料的磁导率和电阻率敏感，所以在测量区要避免非同质的材料，并且要消除剩磁。

5）标定时，要正确地设定间隙，并把间隙调整到传感器线性范围的中心。

（2）磁电式速度传感器

磁电式速度传感器有相对式和绝对式两种类型。相对式速度传感器通过顶杆接触试件，安装时，要使顶杆有足够的预应力，以防止其在测量中与试件脱离。

这种传感器含有运动部件，是二阶系统，相对式速度传感器的幅频特性为

$$\frac{A(\omega)}{A_0} = \frac{1}{\sqrt{(1-\eta^2)^2 + (2\zeta\eta)^2}} \tag{6-1}$$

绝对式速度传感器的幅频特性为

$$\frac{A(\omega)}{A_0} = \frac{\eta^2}{\sqrt{(1-\eta^2)^2 + (2\zeta\eta)^2}} \tag{6-2}$$

它们的相频特性相同，即

$$\varphi(\omega) = -\arctan\frac{2\zeta\eta}{1-\eta^2} \tag{6-3}$$

频率特性表达式（6-1）~式（6-3）中，各参数的定义参见 3.1.2 节和 3.2.1 节。

（3）压电式加速度传感器

这种传感器的输入量是加速度，输出量是电荷量或电压。它按坐标也分为相对式和绝对式（惯性式）两种，绝对式加速度传感器一般被安装在试件上，其幅频特性为

$$\frac{A(\omega)}{A_0} = \frac{1}{\sqrt{(1-\eta^2)^2 + (2\zeta\eta)^2}} \tag{6-4}$$

其相频特性与速度传感器相同。

由式（6-4）可知，绝对式加速度传感器的工作频率在低于固有频率的频段内。加速度传感器又称为加速度计，下文通称为加速度计。

3. 振动参数的测量

固有频率 f_n 和阻尼比 ζ 是振动系统的两个重要参数，这里简要介绍其常用的测定方法。

（1）自由衰减振动法

用敲击法使被测系统产生自由振动，记录其时间历程。通过时标得出衰减振动的频率 f_0，可计算固有频率为

$$f_n = f_0\sqrt{1-\zeta^2}$$

当 ζ 很小时，固有频率近似于衰减振动的频率。

在衰减振动曲线上量出相隔 n 个周期的振幅 M_i 和 M_{i+n}，如图 6-7 所示，对数减幅系数为

$$\delta_n = \frac{1}{n}\ln\frac{M_i}{M_{i+n}} = \frac{2\pi n\zeta}{\sqrt{1-\zeta^2}}$$

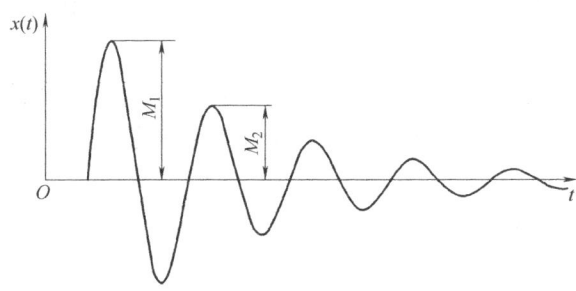

图 6-7 自由衰减振动

于是，有

$$\zeta = \sqrt{\frac{\delta_n^2}{\delta_n^2 + 4\pi^2 n^2}}$$

（2）共振法

用激振器对被测系统施加简谐激励，当激振频率接近固有频率时，系统产生共振。逐渐调整激振力的频率，作出振幅和频率的关系曲线，曲线峰值对应的频率近似为固有频率。有阻尼时，它们之间的对应关系见表 6-1。

表 6-1 单自由度系统固有频率和共振频率之间的关系

固有频率/Hz	自由振动频率	位移共振频率	速度共振频率	加速度共振频率
f_n	$f_n\sqrt{1-\zeta^2}$	$f_n\sqrt{1-2\zeta^2}$	f_n	$f_n\sqrt{1+2\zeta^2}$

在共振曲线的峰值附近，如图 6-8 所示，有

$$\zeta = \frac{f_2 - f_1}{f_n}$$

式中 f_1, f_2——共振曲线中对应于幅值为 0.707 倍峰值的频率；

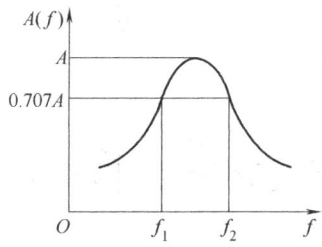

图 6-8 阻尼比的估计

f_n——固有频率。

6.2.2 实验14 悬臂梁振动参数的测量

1. 实验目的

确定悬臂梁的阻尼比、一阶~四阶固有频率及一阶~四阶振型。

2. 实验设备

悬臂梁、压电式加速度计、涡流式传感器及适配器、永磁式激振器、信号发生器、功率放大器、电荷放大器和计算机数据采集与分析系统等。

3. 实验原理

测试系统框图如图6-9所示。

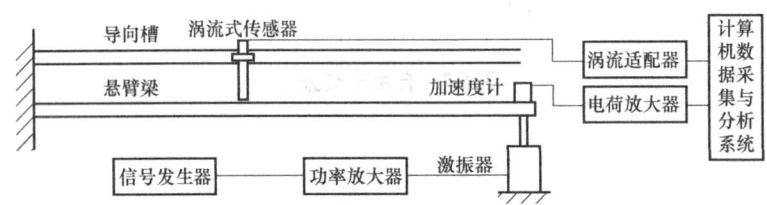

图6-9 测试系统框图

共振法测量原理参见6.2.1节。悬臂梁的各阶固有频率可按式（6-5）计算，即

$$f_n = \frac{K}{2\pi L^2}\sqrt{\frac{EI_0}{\rho A}} \tag{6-5}$$

式中 E——梁材料的弹性模量（Pa）；

I_0——梁的截面惯性矩（m^4）；

L——悬臂梁的长度（m）；

ρ——梁材料的密度（kg/m^3）；

A——梁的横截面积（m^2）；

K——振型常数，一阶 $K=3.52$，二阶 $K=22.4$，三阶 $K=61.7$，四阶 $K=121.0$。

悬臂梁的各阶振型如图6-10所示。

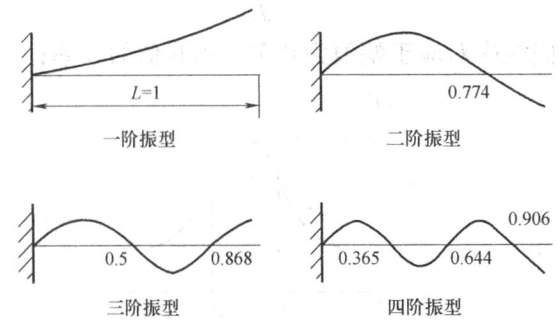

图6-10 悬臂梁的各阶振型

本实验梁的长、宽和高分别为 $L=0.4\mathrm{m}$, $b=0.05\mathrm{m}$ 和 $h=0.005\mathrm{m}$。于是，有

$$A = bh = 0.05 \times 0.005 \mathrm{m}^2$$

$$I_0 = \frac{bh^3}{12} = \frac{0.05 \times 0.005^3}{12} \mathrm{m}^4 = 5.21 \times 10^{-10} \mathrm{m}^4$$

对于梁的材料，$\rho = 7.8 \times 10^3 \mathrm{kg/m}^3$，$E = 196\mathrm{GPa}$。于是，由式（6-5）可计算出一阶至四阶固有频率，其中一阶固有频率为 25.4Hz。

4. 实验方法

（1）组成测试系统

参照图6-9组成测试系统，安装传感器及仪器设备并连接电缆。功率放大器的初始设置：输入选择设在交流（AC）档，工作选择设在恒流档，增益调节设在最小位置。

（2）调整仪器设备

对应变梁进行激振。设定信号发生器的输出为正弦波，频率调至20Hz，电压值调至 1.5V。调整功率放大器增益，使功率放大器电流表显示 0.1A。观察悬臂梁和计算机输出界面的变化。

（3）测定一阶固有频率

逐步调解信号发生器的输出频率，每次步进 0.1～30Hz。记录相应的幅值并作出幅值和激振频率之间的关系曲线，根据其峰值确定一阶固有频率。

（4）测定二阶和三阶固有频率

由式（6-5）分别计算二阶和三阶固有频率。调解信号发生器，在包括固有频率的频带内进行扫描，测定方法与测定一阶固有频率的方法相同。

（5）测定振型

在各阶共振频率下分别激振悬臂梁，使其产生稳定的共振。沿梁的长度方向移动涡流传感器，用计算机数据采集与分析系统的示波器功能观察输出信号的变化，寻找结点位置（振幅为零或极小处），在结点处作出标记，用直尺测量并记录节点到梁支撑端的距离。

5. 实验报告

1）报告一阶、二阶和三阶固有频率的实测值，把实测值和理论计算值进行比较，说明计算值与实测值不一致的原因。

2）根据测试数据绘出一阶共振曲线，计算阻尼比。

3）根据实测节点位置画一阶、二阶和三阶振型曲线。

6. 思考题

1）有哪些方法可以测定机械系统或结构的固有频率？

2）悬臂梁上两结点之间各点的振动相位是否相同。

3）举例说明工程中需要防止或利用的共振现象。

6.2.3 实验15 采用不测力法的简支梁振动测试

1. 实验目的

测试简支梁的固有频率和振型。

2. 实验设备

简支梁振动实验台、加速度计、动态数据采集仪、计算机分析系统。

3. 实验原理

不测力法的结构响应主要由环境激励引起，而这些环境激励是既不可控制又难以测量的。本实验是通过对简支梁连续的叩击进行激励的。不测力法振动测试系统的配置如图 6-11 所示，在简支梁上安装两个加速度计。加速度计 A 置于固定位置，作为基准传感器，加速度计 B 按顺序置于若干测试点，通过比较两个加速度计的相对振动，在垂直方向估计简支梁的固有频率、振型和阻尼比三个模态参数。

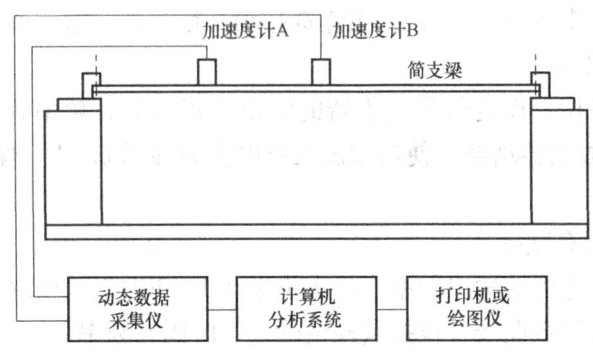

图 6-11　不测力法振动测试系统的配置

4. 实验方法

（1）选择测点

首先在实验台上安装简支梁。本简支梁长 550mm、宽 50mm，可以简化为杆件。本实验将梁的长度分成七等分，在上表面等距布置六个测点，并做好标记，如图 6-12 所示。基准加速度计 A 应尽量避免安装在结构的某阶振型的结点上，本实验选取 2 号点为基准点；加速度计 B 可按顺序安装在其他各点。这样，可以测量简支梁的前三阶固有频率。

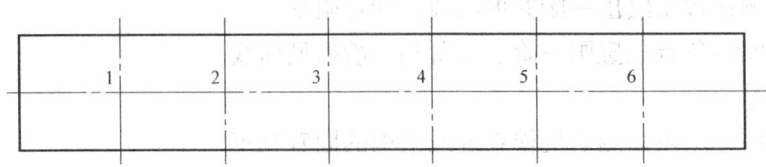

图 6-12　简支梁上的测点布置

（2）连接仪器设备

在动态数据采集仪上选择两个通道，例如通道 1 和通道 2，参照图 6-11 连接测试系统。

(3) 设置测量参数

打开动态数据采集仪和计算机的电源开关，启动数据采集软件，选中频谱分析模块。

新建四个测试窗口，分别显示通道1、2的时间波形和平均谱。

打开参数设置菜单，标记通道号、测点号，设置采样频率（可选2kHz）、采样方式（连续）、平均方式（线性平均）、平均次数（200）、时域点数（2048）和窗函数（汉宁窗）等采样参数，选择工程单位、灵敏度、测量范围和修正系数等幅值处理参数。

(4) 采集数据

首先进行平衡和清零操作，然后开始激振，并用键盘或鼠标触发数据采集程序。激振方式为用手轻轻地连续敲击简支梁半分钟，同时观察波形是否正常。

测量中，可根据信号幅值，适当调整测量范围等参数。然后作信号的平均谱。

测试完成后，依次测量下一个测点。

(5) 数据预处理

回放采样数据，重新计算每个测点的平均谱。

(6) 模态分析

打开模态分析软件的不测力算法的主界面。新建一个工程文件，并在该项目下新建模态参数文件。

1) 几何建模。根据程序菜单创建矩形模型，输入模型的长宽参数以及分段数，显示梁的平面模型、结点和结点号。然后，打开"对象编辑"菜单中的结点信息窗口，编写测点号。

2) 导入数据。选中"导入数据"菜单，导入已建立的模态数据文件。这时，可以观察时域波形图。

3) 信号处理。打开"工具"菜单，去除均值和进行FFT变换，显示每个测点的频谱图。

4) 参数识别。确定各阶频率峰值并用鼠标依次在各阶峰值点上作标记，显示频率和峰值。

选中"参数识别"菜单，新建模态参数文件，写入简支梁的各阶频率值、阻尼比及振型。

在"工具"栏选中"数据匹配"，确定模型文件，重新分配数据。

5) 振型编辑。建立和打开结构文件，利用模态系统的"动画显示"功能，观察和修改各阶振型的动画显示方式。

5. 实验报告

从计算机桌面截取各阶振型的图像，例如图6-13所示的简支梁一阶振型图和图6-14所示的简支梁二阶振型图。说明各阶频率和阻尼，描绘各阶振型图。

6. 思考题

1) 理论值与实测值是否相同，为什么？

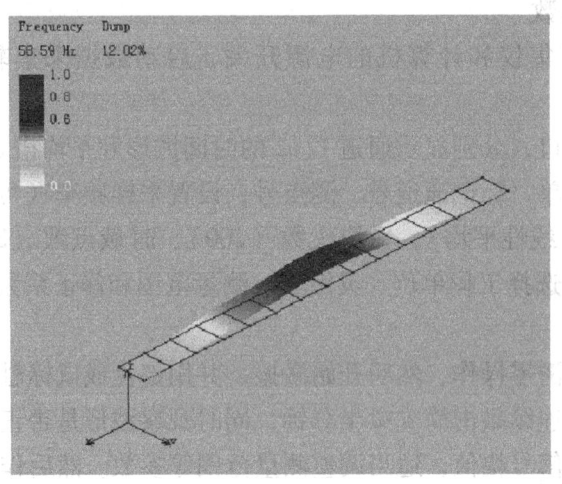

图 6-13　简支梁一阶振型图

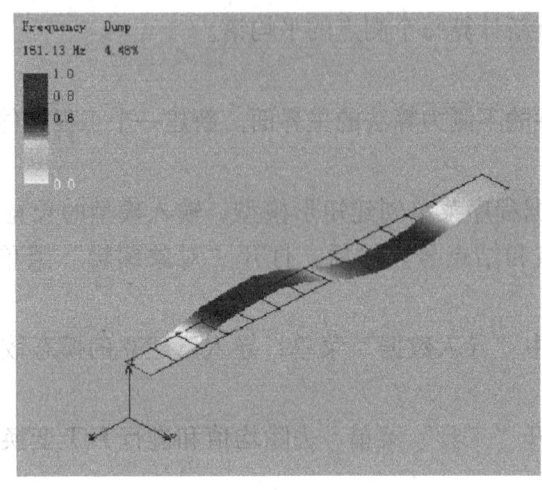

图 6-14　简支梁二阶振型图

2）影响频率测量值的因素有哪些？

6.2.4　实验 16　采用测力法的简支梁振动测试

1. 实验目的

用测力法测试简支梁的固有频率和振型。

2. 实验设备

简支梁振动实验台、力锤及力传感器、加速度计、动态数据采集仪、计算机分析系统。

3. 实验原理

本实验是用力锤对简支梁激振的。测力法振动测试系统的配置如图 6-15 所示。用力锤在一系列激振点给系统施加已知的脉冲激励（激振力被力传感器测量），在

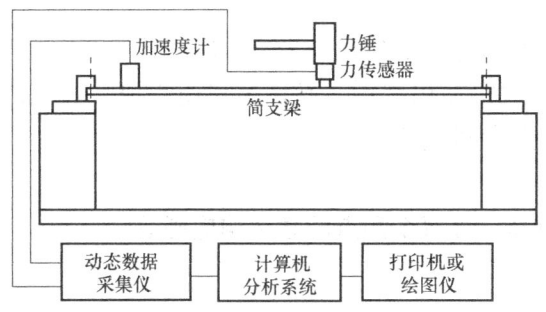

图 6-15 测力法振动测试系统的配置

某一点测量结构对各点激励的响应，可以得到一个频率响应函数矩阵 $H(\omega)$，其中

$$H_{ij}(\omega) = \frac{X_i(\omega)}{Y_j(\omega)}$$

式中 $X_i(\omega)$，$Y_j(\omega)$——输入和输出的傅里叶变换。

根据矩阵 $H(\omega)$ 可以辨识系统的模态参数。

4. 实验方法

（1）选择测点

首先在实验台上安装简支梁。本简支梁可以简化为杆件，所以只需沿长度方向顺序布置激励点。激励点的数目要多于所要求测量的阶数，建议在上表面等距布置 13 个测点，并做好标记，如图 6-16 所示。加速度计应尽量避免安装在结构的某阶振型的结点上，建议安装在 2 号点，其余各点为激励点。

（2）连接仪器

参照图 6-15 连接测试系统，在动态数据采集仪上选择两个通道，例如把力传感器和加速度计分别连接到通道 1、2。

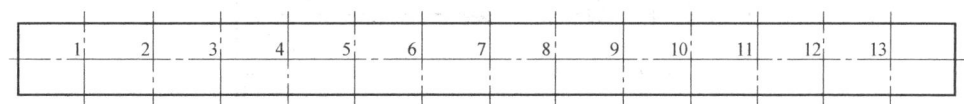

图 6-16 简支梁上的测点布置

（3）设置数据采集参数

打开动态数据采集仪和计算机的电源开关，启动数据采集软件，选中频率响应函数分析模块。

新建四个测试窗口，分别显示通道 1、2 的时间波形、频率响应函数和相干函数。

打开参数设置菜单，标记通道号、测点号和测量方向，设置采样频率（可选 2kHz）、采样方式（瞬态）、触发方式（信号触发）、延迟点数（-200）、平均方式（线性平均）、平均次数（4）、时域点数（2048）、预览平均（√）和窗函数（力窗）等采样参数，选择工程单位、灵敏度、测量范围和修正系数等幅值处理参数。

(4) 采集数据

首先进行平衡和清零操作,然后启动采样程序,开始激振。

通过"预览平均"观察输出波形,确认无连击现象,还可以调整测量范围,不要使仪器过载,也不要使得信号过小。

(5) 数据预处理

回放采样数据,重新计算每个测点的频率响应函数。

(6) 模态分析

参见实验 15。

5. 实验报告

参见实验 15。

6. 思考题

如果简支梁改为悬臂梁,振型将会如何变化?

6.2.5 实验 17 拉索负荷的测试

1. 实验目的

在随机激励下,测定拉索的振动频率;用频率法计算拉索的索力。

2. 实验设备

拉索实验台、涡流传感器、动态数据采集仪、计算机分析系统。

3. 实验原理

拉索测试系统安装示意图如图 6-17 所示。

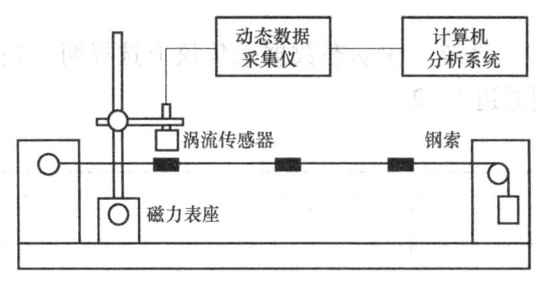

图 6-17 拉索测试系统安装示意图

频率法目前是测斜拉桥拉索索力的普遍应用方法,是一种根据振动频率测量索力的方法。测定振动频率的方法可分为共振法和随机振动法。采用共振法时,需要通过人工激振,使拉索作单一的基频振动。用随机振动法测量拉索振动频率时,不需要人工激振,而是利用风、桥面振动等环境随机激振源对拉索进行激励。在环境随机振源的激励下,拉索产生随机振动,可利用频谱分析软件对拉索的随机信号进行频谱分析,一般可以得到拉索前几阶的振动频率。因此,随机振动法具有使用方便、结果准确可靠的优点。

设拉索的两端固定,索的质量是均匀分布的,索力计算公式为

$$T = \frac{4ML^2}{n^2}f_n^2$$

式中 T——索的拉力（N）；

M——索单位长度的质量（kg/m）；

L——拉索的长度（m）；

f_n——第 n 阶固有频率（Hz）。

本实验采用钢丝模拟索力的测试过程，忽略钢丝的质量，在钢丝上加一个质量为 m 的质量块，形成集中质量的单自由度系统。通过激励质量块，产生自由衰减振动，测得其频率 f，就可计算索力，即

$$T = \pi^2 f^2 Lm$$

当采用两个集中质量块均匀分布，并且两个质量块的质量均为 m 时，激励质量块，产生自由衰减振动，可以测得其二阶共振频率。于是，索力为

$$T = \frac{4\pi^2 f_n^2 Lm}{3(2n-1)} \quad (n = 1,2)$$

当采用三个集中质量块均匀分布，并且三个质量块质量均为 m 时，可以测得其三阶共振频率。于是，索力为

$$T = \frac{\pi^2 f_n^2 Lm}{2 + (n-2)\sqrt{2}} \quad (n = 1,2,3)$$

式中 m——集中质量（kg）；

L——钢丝两端支承的间距（m）；

n——频率阶数。

本实验中取第一阶共振频率值，$m = 4\text{g}$；$L = 0.60\text{m}$。

4. 实验方法

（1）试件和传感器的安装

参照图 6-17 把三个集中质量块、一个配重和钢丝组成三自由度悬索系统，首先选取的配重质量为 1kg。

把涡流传感器固定在磁力座上，探头对准在钢丝上任一质量块上面，距离约为 4mm。

（2）接线

参照图 6-15 连接测试系统，选择动态数据采集仪的通道号，连接涡流传感器的输出。

（3）测量与分析

打开计算机和动态信号测试分析系统电源，运行动态信号采集分析系统程序，进入基本分析页面，分析模式为频谱分析。

1）新建一个项目（文件名自定），设置采样频率（200Hz）、采样方式（连续）、平均方式（线性平均）、平均次数（200）、时域点数（1024）、工程单位、测量范围和灵敏度等参数。

2）新建两个窗口并平铺在桌面上。选择通道号，分别显示该通道的时间波形和实时谱。

3）进行系统平衡和清零操作，用键盘触发数据采集程序，使测量数据同步显示在图形窗口内。

4）用手使质量块在垂直方向离开平衡位置，然后放手，使系统作自由衰减振动。可以用光标在实时谱窗口读取共振频率。将光标移到第一个峰值，读取一阶共振频率值并填写到测试表格中。

（4）改变质量，重新测量

把配重块的质量变成2kg，重新进行测量。

5. 实验报告

根据所测量的振动频率，计算不同配重下的索力值。

6. 思考题

如果配重为3kg，钢丝的共振频率应为多少？

第7章 旋转机械的运行监测和故障诊断

7.1 转子的动力学特性

7.1.1 转轴组件的振动特性

由于设计和结构方面的原因，或者由于材质不均、制造安装误差以及使用过程中的变形和磨损，旋转机械的中心惯性主轴往往会偏离其回转轴线，这就是转子失衡即不平衡。转子失衡是旋转机械的主要振源之一，也是多种自激振动的激发因素。不平衡也会引起转轴挠曲并产生内应力，加速有关零件的失效。

以单盘对称转子为模型，如图7-1所示。图中，O_1是转子的几何中心，C是转子的质量中心，O是转子的旋转中心，e是转子质量的偏心距。

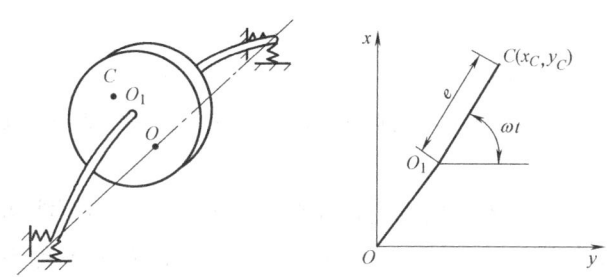

图7-1 单盘转子模型

假设轴是无质量只有弹性的，转子质量集中在转盘上，不计系统阻尼，则有运动方程

$$\begin{cases} m\ddot{x} + k_x x = em\omega^2\cos\omega t \\ m\ddot{y} + k_y y = em\omega^2\sin\omega t \end{cases}$$

式中 x, y——转子旋转中心的坐标；

k_x, k_y——分别为转子支承及轴的x和y方向的总刚度，这里设轴的交叉刚度为零；

m——圆盘的质量；

ω——转子的圆频率。

即

$$\begin{cases} \ddot{x} + \omega_x^2 x = e\omega^2 \cos\omega t \\ \ddot{y} + \omega_y^2 y = e\omega^2 \sin\omega t \end{cases} \tag{7-1}$$

式中 ω_x，ω_y——系统 x、y 方向的固有圆频率，$\omega_x = k_x/m$，$\omega_y = k_y/m$。

式（7-1）右端的物理意义为一个使系统产生强迫振动的外部干扰力，与强迫振动对应的特解为

$$\begin{cases} x = \dfrac{e\omega^2}{\omega_x^2 - \omega^2}\cos\omega t \\ y = \dfrac{e\omega^2}{\omega_y^2 - \omega^2}\sin\omega t \end{cases} \tag{7-2}$$

当各向支承刚度相同，即 $\omega_x = \omega_y = \omega_n$，并且设 $z = x + jy$ 时，有

$$z = \frac{e\omega^2}{\omega_x^2 - \omega^2}e^{j\omega t} = Ae^{j\omega t}$$

式中 A——特解 z 的模，$A = \dfrac{e\omega^2}{\omega_x^2 - \omega^2}$。

正常旋转情况下：

1）当 $\omega < \omega_n$ 时，有 $A > 0$，这时转子中心 O_1 在转子中心 O 和质心 C 的连线 OC 之间，即 $OC = z + e$。

2）当 $\omega > \omega_n$ 时，有 $A < 0$，这时转子质心位于 O、O_1 之间，即 $OC = z - e$。

3）当 $\omega \gg \omega_n$ 时，有 $A \approx -e$，这时弯曲的轴接近于绕质心 C 旋转，称转子自动定心。

4）当 $\omega = \omega_n$ 时，有 $A = \infty$，实际上由于阻尼的作用，A 不可能达到无穷大，但是当 ω 趋近于 ω_n 时，A 迅速增大，会引起强烈的振动，这时的角速度称为临界角速度，其对应转速称为临界转速。

为确保机器的运转，任何转子都不允许在临界转速附近工作。工作转速低于一阶临界转速的转子称为刚性转子，反之称为挠性转子。

一般要求刚性转子的临界转速高于其工作转速的 20%～25%，挠性转子的临界转速高于其工作转速的 30%～40%。

若考虑阻尼，设阻尼系数为 c，令 $n = \dfrac{c}{2m}$，则式（7-1）可写成

$$\begin{cases} \ddot{x} + 2n\dot{x} + \omega_x^2 x = e\omega^2 \cos\omega t \\ \ddot{y} + 2n\dot{y} + \omega_y^2 y = e\omega^2 \sin\omega t \end{cases}$$

同样，令 $z = x + jy$，有

$$\ddot{z} + 2n\dot{z} + \omega_n^2 z = e\omega^2 e^{j\omega t}$$

这是一个二阶系统，如图 7-2 所示，其幅频特性和相频特性分别为

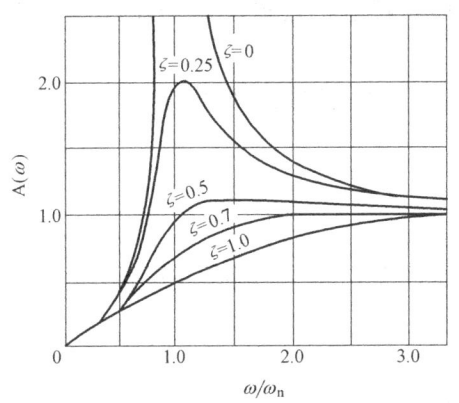 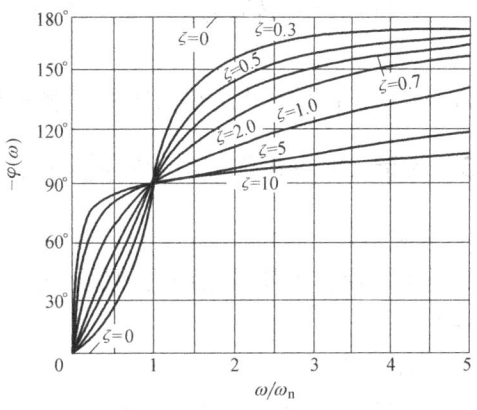

图 7-2 转子系统的幅频特性和相频特性

$$A(\omega) = \frac{e\eta^2}{\sqrt{(1-\eta^2)^2 + (2\zeta\eta)^2}}$$

$$\varphi(\omega) = -\arctan\frac{2\zeta\eta}{1-\eta^2}$$

(7-3)

式中 η, ζ —— $\eta = \frac{\omega}{\omega_n}$, $\zeta = \frac{n}{\omega_n}$。

显然，在不平衡量激励下，转子的振动信号是与转子系统转动同频，且有一定相位差的正弦信号。对式（7-3）求极值条件，可得临界角速度为

$$\omega_c = \omega_n \frac{1}{\sqrt{1-2\zeta^2}}$$

若 $\omega_x \neq \omega_y$，由式（7-2），有

$$\begin{cases} x = A_x\cos\omega t \\ y = A_y\sin\omega t \end{cases}$$

平方后相加，得椭圆方程

$$\left(\frac{y}{A_y}\right)^2 + \left(\frac{x}{A_x}\right)^2 = 1$$

(7-4)

其两轴分别为 $A_x = \frac{e\omega^2}{\omega_x^2 - \omega^2}$, $A_y = \frac{e\omega^2}{\omega_y^2 - \omega^2}$。

式（7-4）表明，由于支承刚度在 x、y 方向的差异，使轴心轨迹为椭圆形。未考虑阻尼时，轴心轨迹为正向椭圆形，其长、短轴分别平行于坐标轴。实际上由于阻尼的存在，轴心轨迹是斜向椭圆。

由以上讨论，可归纳不平衡振动的特点如下：

1）当转速远远小于临界转速时，不平衡产生的离心力与转速的平方成正比。在轴承座测得的振动随转速增高而加大，但不一定与转速的平方成正比，这是由于轴承座的动刚度随转速按某种规律变化所致。

2）在临界转速附近，振幅和相位有明显的变化。

3）振动的频率与轴转速一致，特别是在临界转速附近振动波是比较规则的正弦波形。

4）对于不平衡振动，在谱图上可明显看出 1 倍频处的幅值最大。

7.1.2 实验 18 转子振动参数的测试

1. 实验目的

测量不平衡转子径向振动的幅值、频率、轴心轨迹和共振频率，分析不平衡转子的振动特性。

2. 实验设备

转子实验台（包括转速传感器、调速电动机和转子台控制器等电气设备）、涡流传感器、数据采集仪、计算机分析系统。

3. 实验原理

转子台和测量系统的组成如图 7-3 所示。

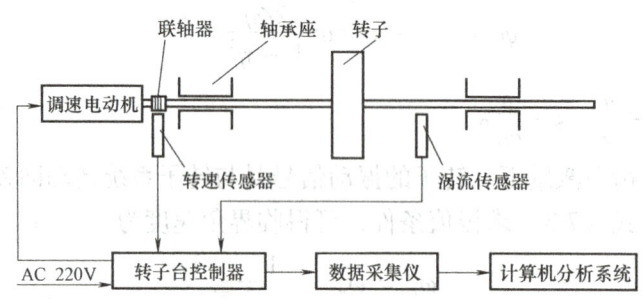

图 7-3 转子台和测量系统的组成

用涡流传感器采集转轴的径向振动信号，这些信号经转子台控制器调理后，被输入动态数据采集仪，在数据采集仪内实现抗混滤波、A/D 转换等步骤，转换为数字信号，最后由计算机分析软件实现用户所需的各种分析功能。

4. 实验方法

（1）组成测量系统

参照图 7-3，安装转子实验台，并且在转子盘径向安装两个涡流传感器，两个传感器分别安装在水平和垂直方向，然后连接测试仪器的电缆。连线时，把涡流传感器分别接入数据采集器的两个通道，可选水平传感器为 1 通道，垂直传感器为 2 通道。

（2）设定测量系统的参数

1）打开转子台控制器，设置转子台的最高工作转速。

2）接通数据采集仪电源和启动计算机。在数据采集仪的"等待"指示灯熄灭之后，进入旋转机械分析软件的界面，主要设置以下参数：

分析模式（可选稳态模式），阶次上限（8×或自行设定），阶次分辨率（1×或自行设定），时间控制（时间间隔 2.00s），工程单位（μm），窗函数（矩形窗）和上限频率等。

3) 根据信号的强弱调整灵敏度和测量范围。

4) 在运行参数界面，设置通道号、谱线数和数据分析的选项。

（3）测量和分析的初始化

设置数据显示和分析窗口，设定被分析信号的类型，进行清零操作。

（4）测量转轴的径向振动

通过转子台调速器的调速旋钮调节转子的工作转速。在计算机分析程序的界面设置时域波形和谱分析窗口，选择水平传感器连接的1通道，分别显示径向振动的时间波形和信号的幅值谱。用鼠标选择工具选项，可以查询信号的各项统计指标，例如最大值、最小值、平均值、峰峰值等。

（5）测定转轴的轴心轨迹和轴心位置

通过转子台调速器的调速旋钮调节转子的工作转速。在计算机分析程序中设定两个涡流传感器的通道号。打开三个窗口，分别显示 X、Y 向振动信号的时域波形和两个通道合成的轴心轨迹，开始采样并观测振动信号的图像。在"AC 状态"的选项下，可观测轴心轨迹图；在"DC 状态"的选项下，可观测轴心位置。

改变工作转速观察轴心轨迹和轴心位置的变化。

（6）测量转轴的临界转速

1) 设置转子台的最高转速，使最高转速高于临界转速，转子台临界转速约为 3000r/min。

2) 运行旋转机械分析软件，选取伯德图功能模块。打开三个显示窗口，分别显示振动位移的时域波形图，伯德图的幅频图和相频图。

3) 打开软件的转速显示，通道清零，启动采样。

4) 打开转子台调速器，调节调速旋钮，使转子台转动起来，并逐渐升速。观察原始振动信号、幅频曲线、相频曲线随转速上升的变化。

注意：在临界转速附近，一定要调节转子台控制器调速旋钮，使转子快速通过临界转速，禁止转子台在临界转速附近长期停留，以免振动过大，损坏转子台。

5) 升速过程完成后，停止采样，用光标的峰值搜索功能，找出幅频图中的峰值，该峰值对应的转速即为临界转速。

（7）分析数据

对保存的数据，进行三维谱图、极坐标图等分析，尝试用别的分析方法找出固有频率。

5. 实验报告

给出各种参数测量的数据和图像，分析失衡转子的振动特征。

6. 思考题

1) 关于涡流传感器的安装应注意哪些问题？

2) 从振动时域波形图可以获取哪些机械参数和反映设备状态的信息？

3) 说明伯德图、极坐标图、三维谱图在旋转机械故障诊断中的应用。

4) 说明转子在不平衡质量激励下瞬态过程中的动态特性。

5) 什么是转子临界转速，转子在临界转速的动力特征是什么？

7.2 转子故障的修正

引起转子异常振动的原因包括失衡、不对中、轴弯曲、轴裂纹、基础共振、油膜振荡、流体动力干扰和电气干扰等。其中最常见的转子故障是失衡。

7.2.1 转子动平衡的基本原理

转子的不平衡分为静不平衡和动不平衡，质量中心线与轴中心线互相平行称为静不平衡，不平行则称为动不平衡。动不平衡时，离心惯性力系可简化为一个合力 F 和一个合力偶 M，动平衡处理就是在转子的适当部位增减一些质量，使力 F 和力偶 M 取得最小值。

对于高速转子，要消除由失衡引起的有害振动就要作动平衡检修。现场动平衡指的是在机器本体上平衡转子，动平衡的影响系数法得到了广泛的应用。

1. 影响系数

影响系数（influence coefficient）的概念广泛应用于线性系统。如图7-4所示，将一根轴视为简支梁。若在轴的截面 x_j 处施加垂直力 f_j，并且在 x_i 处产生的挠度为 y_i，则截面 j 对截面 i 的影响系数

$$a_{ij} = \frac{y_i}{f_j} \tag{7-5}$$

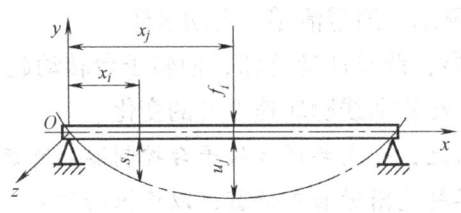

图7-4 影响系数原理

其物理意义是在截面 j 的单位力所引起的截面 i 的挠度，也称为平衡响应系数（balance response coefficient）。

式（7-5）表示的是静态影响系数，它仅是一个数值。在动态情况下，若 x_j 处有一不平衡量 u_j，当轴转动时会发生振动。设 x_i 处的振动为 s_i，则影响系数

$$a_{ij} = \frac{s_i}{u_j} \tag{7-6}$$

式中 a_{ij}——向量，其大小表示 x_j 处单位不平衡力在 x_i 处引起的振幅，其相角表示 s_i 与 u_j 之间的相位差。

影响系数具有对称性，即

$$a_{ij} = a_{ji}$$

可以用加试重的方法求影响系数,其过程如下:

1) 在稳定转速 ω 下,测转子 i 点的原始振动 s_{i0}。

2) 在截面 j 处,加已知不平衡量 u_j。

3) 在稳定转速 ω 下,测转子 i 点的振动 s_{i1}。s_{i1} 是原始振动 s_{i0} 与不平衡量 u_j 所引起振动 s_i 的向量和,如图 7-5 所示,即

$$s_{i1} = s_{i0} + s_i$$

于是,由式(7-6)可求影响系数,即

$$a_{ij} = \frac{s_i}{u_j} = \frac{s_{i1} - s_{i0}}{u_j}$$

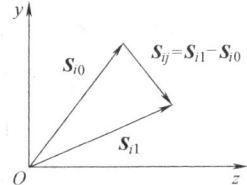

图 7-5 影响系数的求法

2. 转子现场动平衡的方法

转子与转轴组成的振动系统是一个线性系统,因此轴承处的振动响应是各平衡面的不平衡量独自引起的振动响应的线性叠加。现场动平衡的作法就是通过确定各个影响系数来求出应该加/减的平衡校正量。

对于使用影响系数法的动平衡实验,双面动平衡是比较典型的。刚体动不平衡的合力 F 和合力偶 M 可以向任选的两个垂直于旋转轴的平面 I、II 简化,形成不平衡向量 F_1 和 F_2,如图 7-6 所示。若分别在 I、II 平面加质量 m_1、m_2,使其位于 F_1 和 F_2 的反方向上,且满足下面关系式即可消除不平衡向量

$$m_1 |r_1| \omega^2 = |F_1|$$
$$m_2 |r_2| \omega^2 = |F_2|$$

式中　r_1、r_2——加质量 m_1、m_2 处的半径向量;
　　　ω——转子角速度。

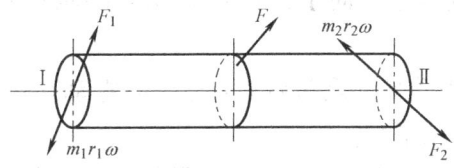

图 7-6 校正平面

作现场动平衡时,要在转子两侧选择测点 A、B,用适当的仪器和方法测量振动的幅值和相位,另外还要拾取一个鉴相信号,作为振动相位及校正质量方位角的基准。鉴相信号常用光电传感器测取,若在转子上画一条基准线,则转子每转一圈使传感器输出

一个脉冲。

图 7-7 为现场动平衡系统的示意图，主要实施步骤和原理如下：

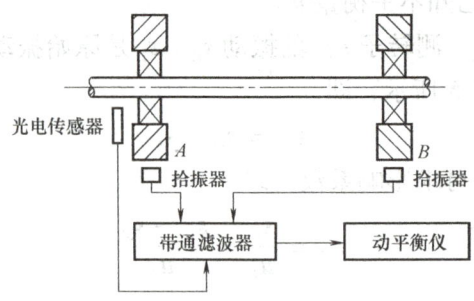

图 7-7 现场动平衡系统的示意图

1) 在转子正常工作状态下测取平衡前两测点的原始振动向量 A_0、B_0。

2) 在转子上选两个校正平面Ⅰ、Ⅱ，在平面Ⅰ加试重即已知不平衡量 m_1r_1，在工作转速下测出两测点的振动 A_1、B_1。这时可求出平面Ⅰ对 A、B 两点的影响系数 α_1、β_1，即

$$\alpha_1 = \frac{A_1 - A_0}{m_1 r_1}$$

$$\beta_1 = \frac{B_1 - B_0}{m_1 r_1}$$

3) 取走 m_1r_1，在平面Ⅱ加已知不平衡量 m_2r_2，同样测取两点的振动 A_2、B_2，这时可以求出平面Ⅱ对 A、B 两点的影响系数 α_2、β_2，即

$$\alpha_2 = \frac{A_2 - A_0}{m_2 r_2}$$

$$\beta_2 = \frac{B_2 - B_0}{m_2 r_2}$$

4) 列向量方程组

$$\begin{cases} \alpha_1 P_1 + \alpha_2 P_2 = -A_0 \\ \beta_1 P_1 + \beta_2 P_2 = -B_0 \end{cases}$$

解得 P_1、P_2 分别为在校正平面Ⅰ、Ⅱ上应加的不平衡校正量，它们分别为校正质量与半径的乘积。

5) 在转子上安装校正质量，重新启动转子，测振动。若振动减小到许用程度，则平衡结束；否则再一次做动平衡。

对单级叶片泵、砂轮头架等，主要不平衡量集中在一个回转平面，只需在一个平面加校正量，测取一个测点的振动信号，加试重一次即可完成。如图 7-8 所示，校正质量为

$$m|r| = m_0|r_0|\frac{|A_0|}{|A_1 - A_0|}$$

$$\angle r = \angle A_0 + \varphi$$

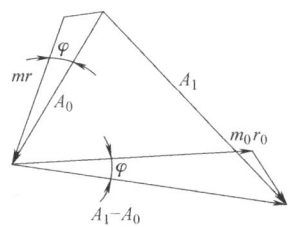

图 7-8 单面动平衡向量图

利用影响系数法做现场动平衡，其平衡精度受如下因素的影响：

1）振动信号的质量。为了提高信噪比和排除其他因素产生的振动响应，应选择对不平衡振动敏感的测点并且用带通滤波器处理信号。

2）转子的刚性。实际转子不可能是绝对刚性的，由于柔性的存在会使转子在不同转速下具有不同的不平衡状态，如果在各个测量步骤中的转速有变化，所求的影响系数就会有误差。

3）系统的线性。若不平衡质量与振动量之间有非线性，则不易确定试重与测点振动值之间的对应程度，而且振动的相位对非线性的反应更敏感。

对于挠性转子，其挠度曲线的形状受转速的影响，所以不平衡状态也随转速不同而变化。为了使转子在一段转速范围内都达到平衡，需要选取多个平衡转速，相应地也要增加校正平面的数目。目前，对挠性转子动平衡的影响系数法有多种改进的方法。

7.2.2 实验 19 失衡转子的单面动平衡

1. 实验目的

采用单面平衡的影响系数法校正失衡转子。

2. 实验设备

转子实验台（包括转速传感器、调速电动机和转子台控制器等电气设备以及单盘转子组件）、涡流传感器、数据采集仪、计算机分析系统。

3. 实验原理

测量系统的组成如图 7-3 所示。采用影响系数法对失衡转子进行校正的基本原理如 7.2.1 节所述。现场动平衡的实验配重指的是固定在关于基准标志的特殊位置的已知重量的质量块。附加实验配重时，原始不平衡受到了干扰。如果原始不平衡不变，说明实验配重的大小或其在转子上的位置是不恰当的。一般情况下，实验配重应至少导致 30% 的幅值和相位的变化。每一个加重平衡面上的实验配重的质量为

$$m_0 = A_0 \frac{m_r g}{r_0 \omega^2}$$

式中 A_0——转子某一侧轴承测点的原始振幅；

r_0——加重点的半径；

ω——转子的工作角速度;

m_r——转子的质量;

g——重力加速度。

4. 实验方法

(1) 组成测量系统

参照图7-3,安装转子实验台,并且在转子盘径向安装转速传感器和涡流传感器,然后连接测试仪器的电缆。连线时,把传感器分别接入数据采集器的两个通道。

(2) 设定测量系统的参数

1) 打开转子台控制器,设置转子台的最高工作转速,该转速可作为动平衡的转速。

2) 接通数据采集仪电源,并打开电源开关。启动计算机中的动平衡软件,打开或新建文件,屏幕将显示输入设置窗口。

3) 输入设备名、设备描述文字和测量系统的灵敏度。选中平衡面数为"1",输入方式为"AC",测量内容为"位移",影响系数为"无"。

4) 单击"下一步",启动初始振动测量界面。

(3) 初始振动测量

1) 接通转子台调速器电源,打开调速器开关,调节调速旋钮,使转子台稳定在做动平衡的转速(例如1000r/min)。

2) 单击"测量"按钮,测得当前转速、当前振动基频的幅值和相位,并作记录。完成后单击"下一步"。

(4) 估计实验配重的质量

在对话框中,输入转子质量、工作转速、加重半径、平衡精度等级等,单击"加重计算",即可显示试重的质量。如果自行确定试重,可以直接单击"下一步"。

(5) 带配重测量

1) 停止转子的运动,在转子上添加试重。

2) 输入试重的质量及其角位置(一般可直接写0°)。"去除"按钮表示最终在转子加平衡质量块时,去除该试重;"保留"则表示不去除该试重。

3) 调节转子台的转速达到设定的动平衡转速。

4) 单击"测量"按钮,将显示的测点的转速、幅值和相位,在测量值稳定之后,单击"停止"。记录所有的实验数据后,单击"下一步"。

(6) 确定配重的参数

1) 在计算机输出窗口单击"计算"按钮,显示影响系数、配重的质量及其角位置。

2) 因为计算位置可能和实际可安装位置不一致,所以要进入矢量分解窗口。输入两个可以安装配重的角度,单击"计算"按钮,该窗口将显示在可安装位置分配配重的计算结果。记录数据后,打开平衡校验窗口。

(7) 平衡校验

1) 停止转子,根据计算结果在转子的相应位置上添加配重(加重的角度以转子转动的反方向为正)。

2) 调节转子台的转速达到设定的动平衡转速。

3) 在平衡校验窗口单击"计算"按钮,显示转速、振动的幅值和相位。当测点 A 的幅值和相位稳定后,停止测量。

4) 停止测量之后,平衡校验窗口将显示振动的幅值和相位以及振动下降率。如果振动下降率满足要求,单击"生成报告"按钮,可得到 Word 文档格式的动平衡的报告。

5) 单击"完成"按钮,退出动平衡程序。

5. 实验报告

报告转子的工作转速、原始不平衡量、配重的质量及其位置和平衡校验的结果。

6. 思考题

1) 对于现场动平衡,实验配重的作用是什么?

2) 转子失衡可能是由哪些原因引起的?

3) ISO 标准定义的平衡质量等级包含哪两个物理参数?说明它们对不平衡振动幅值的影响。

7.2.3 实验 20 失衡转子的双面动平衡

1. 实验目的

采用双面动平衡的影响系数法校正失衡转子。

2. 实验设备

转子实验台(包括转速传感器、调速电动机和转子台控制器等电气设备以及双盘转子组件)、涡流传感器、数据采集仪、计算机分析系统。

3. 实验原理

双面动平衡测量系统的组成如图 7-9 所示。采用影响系数法对失衡转子进行双面动平衡的基本原理如 7.2.1 节所述。

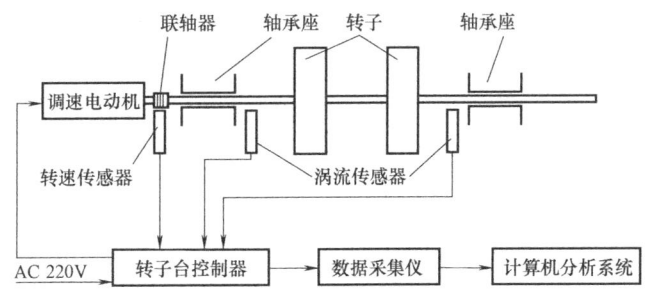

图 7-9 双面动平衡测量系统的组成

4. 实验方法

双面动平衡的实验方法与单面动平衡类似,不再重复与实验 19 相同的具体操作步骤,只作简略的说明。

(1) 组成测量系统

参照图 7-9，安装转子实验台，并且在转子盘径向安装转速传感器和两个涡流传感器，然后连接测试仪器的电缆。连线时，把传感器分别接入数据采集仪的三个通道。

(2) 设定测量系统的参数

选中平衡面数为"2"。

(3) 初始振动测量

在工作转速下，测量两个平衡平面的初始振动参数。

(4) 带配重测量

分别在两个校正平面加实验配重，测量振动的参数。

(5) 安装配重

根据计算机输出的计算结果，分别在两个校正平面安装配重。

(6) 平衡校验

重新启动转子，在工作转速下检验动平衡的效果。

5. 实验报告

报告转子的工作转速、原始不平衡量、配重的质量及其位置和平衡校验的结果。

6. 思考题

1) 对于多面动平衡，为什么要求分别对各个校正平面加实验配重？

2) 采用影响系数法作动平衡实验，对被测量系统性质的基本要求是什么？

第8章 测试技术在工程中的应用

本章实验的被测设备参数和测试数据来源于实际完成的工程测试任务,仅供参考。开设这种联系工程实际的实验项目时,情况可能有所不同。设置这种实验的目的主要是培训学生的工程测试技术综合技能,所述实验内容也可供工程测试人员参考。虽然本章是按教学实验的步骤介绍这些实验,但是建议按照工程测试实验的要求编写技术文件。

8.1 轧机载荷的测试

8.1.1 力和转矩测量的基本方法

通过对机械零件和机械结构的力和转矩的测量,可以分析其受力状况和工作状态,验证设计计算,确定工作过程和某些物理现象的机理。对设备的安全运行、自动控制及设计理论的发展等都有重要指导作用。

1. 力的测量

可以利用力对物体的静力效应或动力效应测量该作用力。

1) 力的静力效应使物体产生变形,通过测定物体的变形量或用与内部应力相对应参量的物理效应来确定力值。例如,可以利用差动变压器、激光干涉仪等仪器测定弹性体变形,达到测力的目的;也可利用与力有关的物理效应,例如压电效应、压磁效应等。

2) 力的动力效应使物体产生加速度,测定了物体的质量及其获得的加速度就可计算所受的外力。在重力场中,地球的引力使物体产生重力加速度,因而可以用已知质量的物体在重力场某处的重力来体现力值。例如基准测力机等。

常用的力测量方法是用应变计和应变仪测量构件的表面应变,根据应变、应力和力之间的关系,确定构件的受力状态。

2. 转矩的测量

转矩的测量方法可以分为平衡力法、能量转换法和传递法。其中传递法涉及的转矩测量仪器种类最多,应用也最广泛。

(1) 平衡力法及其转矩测量装置

匀速运转的动力机械或制动机械,其机体上必然承受与转矩大小相等、方向相反的平衡力矩。通过测量机体上的平衡力矩(实际上是测量力和力臂)来确定动力机械主轴工作转矩的方法称为平衡力法。

平衡力法转矩测量装置又称为测功器，一般由旋转机、平衡支承和平衡力测量机构组成。按照安装在平衡支承上的机器种类，可分为电力测功器、水力测功器等。平衡支承有滚动支承、双滚动支承、扇形支承、液压支承及气压支承等。平衡力测量机构有砝码、游码、摆锤、力传感器等。

平衡力法直接从机体上测转矩，不存在从旋转件到静止件的转矩传递问题。但它仅适合测量匀速工作情况下的转矩，不能测动态转矩。

（2）能量转换法

依据能量守恒定律，通过测量其他形式能量如电能、热能参数来测量旋转机械的机械能，进而求得转矩的方法称为能量转换法。能量转换法实际上就是对功率和转速进行测量的方法，一般在电机和液机方面有较多的应用。

（3）传递法

传递法是指利用弹性元件在传递转矩时物理参数（变形、应变或应力）的变化与转矩的对应关系来测量转矩的一类方法。基于传递法的转矩测量仪器有多种类型，常用弹性元件为转轴（因此又称为转轴法），使用的传感器有电阻应变式、光电式、磁电式和电感式等，主要的测量参数是转轴表面的最大应变或者转轴两个横截面之间的相对转角。

这种方法在工程现场有广泛的应用，可以不通过转轴式弹性元件，直接测量转轴承受的转矩。

8.1.2　实验21　轧机载荷的测试

1. 实验目的

对于 $\phi 760$mm 的铜板轧机，为了制定合理的轧制工艺，挖掘设备的生产潜力，在不同工况下，进行轧制力和轧辊的传动转矩的现场测试。

铜板轧机的测试流程见表8-1。

表8-1　铜板轧机的测试流程

轧制的材料	件数	每件轧制的道次
黄铜	6	1~8
青铜	2	1~7
纯铜	1	1~7

主要的被测量如下：

1）轧辊两侧机架的轧制力 F_1、F_2。

2）上轧辊和下轧辊传动转矩 M_1 和 M_2。

3）同时记录电动机的电流 I 和轧辊的压下量 Δh。

2. 实验设备

被测试轧机的结构简图如图8-1所示。压力传感器位置在上轧辊两端、轴承座的上面、压下螺钉的下面放置；转矩测试位置在上、下万向联轴器上。

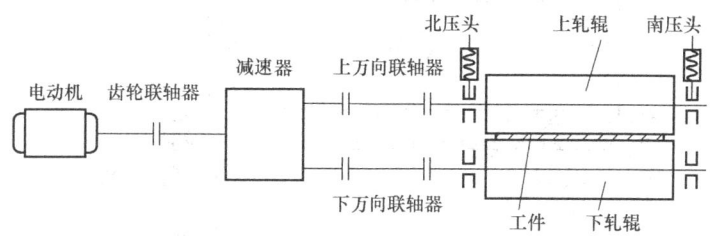

图 8-1　被测试轧机的结构简图

轧机的基本参数如下：

轧辊直径 $D = 760$mm；

额定轧制力 $F = 10500$kN；

额定轧制力矩 $M = 440$kN·m。

电动机型号为 ZJD250/105-12，基本参数如下：

额定功率 $P = 2800$kW；

额定电流 $I = 4000$A；

额定电压 $U = 480$V；

额定转速 $n = 40$r/min；

最大转速 $n_{max} = 70$r/min。

测试仪器设备主要包括力传感器、测扭应变花、拉线式集流器、电阻应变仪和 CRAS 计算机数据采集与分析系统等。

3. 实验原理

（1）轧制力的测量

轧制力的测量采用 2 个相同的电阻应变式力传感器，分别在轧机的南北两侧压下螺钉和上轧辊轴承座之间（安全器位置）安装。轧机的总轧制力为两个传感器所受压力之和。轧制力测量系统的组成如图 8-2 所示。

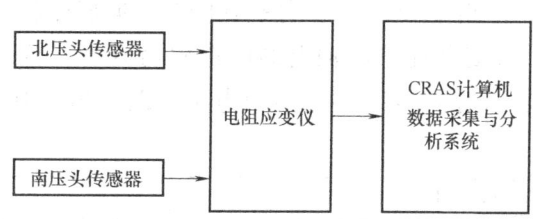

图 8-2　轧制力测量系统的组成

每个传感器按 5000kN 的载荷设计，结构如图 8-3 所示，其中下盖底面为 $R650$ 的球面，以便与上轴承座的凹球面配合。弹性元件是圆柱形，公称尺寸为 $\phi 260$mm × $\phi 80$mm × 155mm，材料为 40Cr。

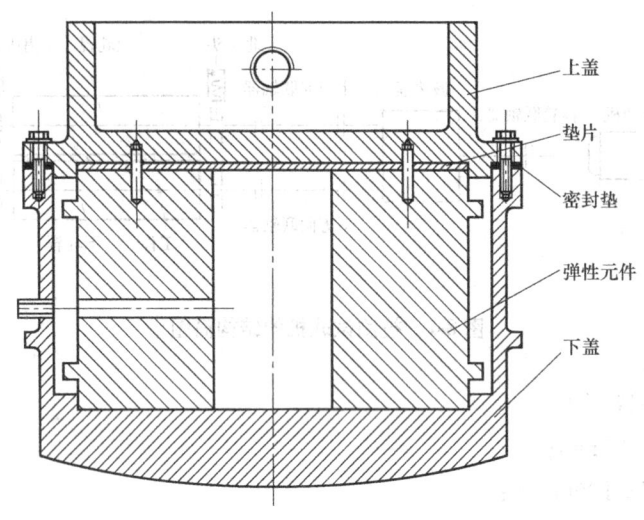

图 8-3 力传感器的结构

弹性元件圆柱面的展开图如图 8-4a 所示，其中 D 为弹性元件的外径，采用箔式应变计，其标矩为 $3\times 5\text{mm}^2$，公称阻值为 120Ω；电桥电路如图 8-4b 所示。另外布置了一个相同的电桥，作备用。

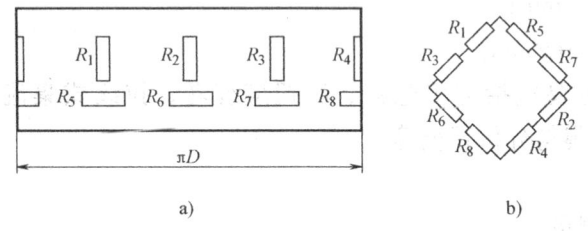

a)

b)

图 8-4 弹性元件的布片与组桥

a) 弹性元件圆柱面的展开图 b) 电桥电路

（2）转矩的测量

转矩测量系统的框图如图 8-5 所示。分别在两个万向联轴器上安装电阻应变计，本实验采用测扭应变花，应变花在被测轴上的位置相隔 180°，转矩测量的布片和组桥如图 8-6 所示。在每个被测轴都安装了两组测量电桥，以防测量中产生异常情况。

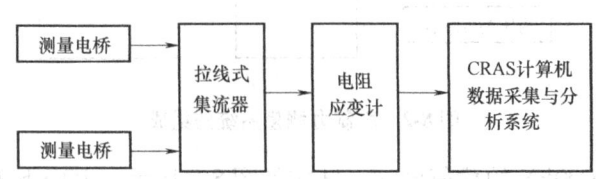

图 8-5 转矩测量系统的框图

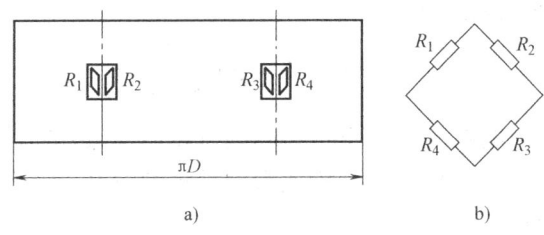

图 8-6 转矩测量的布片和组桥

a) 万向接轴圆柱面的展开图 b) 电桥电路

传动轴转矩的计算方法参见 6.1.3 节的实验 13。

因为万向联轴器的转速较低，所以采用集电环—拉线组成的信号传输装置，集电环共有四个滑道，分别对应电桥的四个接点。

4. 实验方法

（1）轧制力测量系统的标定

轧制力测量系统的标定（校准）在 5000kN 压力的材料实验机上进行，测量系统的组成与实测时完全相同，如图 8-2 所示。为了保证传感器的标定精度，将弹性元件和传感器整体分别标定两次。标定的最大载荷是 5000kN。标定时，在传感器的上面和下面分别配置了与轧机接触面相同的专用平垫块和球面垫块。

正式标定之前，反复多次加压至标定的最大吨位，以消除残余应力和传感器各零件之间的间隙。标定时，以每次 1000kN 为一个台阶进行加载，直至最大载荷，共计加载三次，并作出标定曲线。由标定曲线确定该传感器符合设计要求。

（2）轧机转矩测量系统的标定

本实验的转矩标定采用应变梁法，用材料与实测轴相近的等强度梁，在梁上的布片和一种组桥方案如图 8-7 所示。对于标定梁与实测轴，应变计性能、应变计安装工艺、组桥方式、测量仪器和导线等均相同。

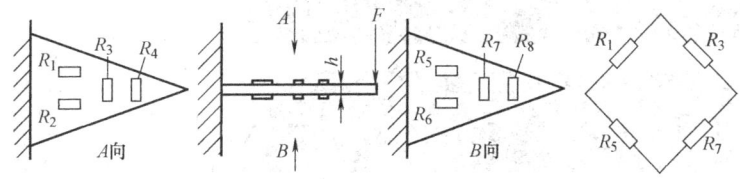

图 8-7 标定梁的布片和一种组桥方案

实测轴转矩的表达式为

$$T = 0.2D^3 \frac{E\varepsilon_r}{4(1+\mu)} \tag{8-1}$$

式中 μ，E——等实测轴材料的泊松比和弹性模量（Pa）；

D——轴的直径（m）；

ε_r——应变的仪表显示值。

等强度梁应变读数的表达式为

$$\varepsilon_{rb} = 2(1+\mu)\frac{6Fl}{Eb_0 h^2} \tag{8-2}$$

式中　l，b_0，h——等强度梁的等腰三角形的高（m）、底边的长度（m）和厚度（m）；
　　　μ，E——等强度梁材料的泊松比和弹性模量（Pa）；
　　　F——加载的力（N）。

当等强度梁与实测轴的泊松比和弹性模量相等，并且有相同的仪表读数时，由式 (8-1) 和式 (8-2)，有

$$T = 0.2D^3\frac{3l}{b_0 h^2}F$$

5. 实验报告（测试结果及分析）

采用 CRAS 信号记录分析系统，两个轧制力和两个轧制转矩的波形可以同时在计算机屏幕上显示，如图 8-8 所示。四个通道信号的波形图从上到下依次为北机架的轧制力 F_1、南机架的轧制力 F_2，上万向联轴器的转矩 M_1 和下万向联轴器的转矩 M_2。图 8-8 的右下栏的显示值是图中光标（垂线）所对应的信号瞬时值，图中的压力和转矩单位分别为 10kN 和 10kN·m。

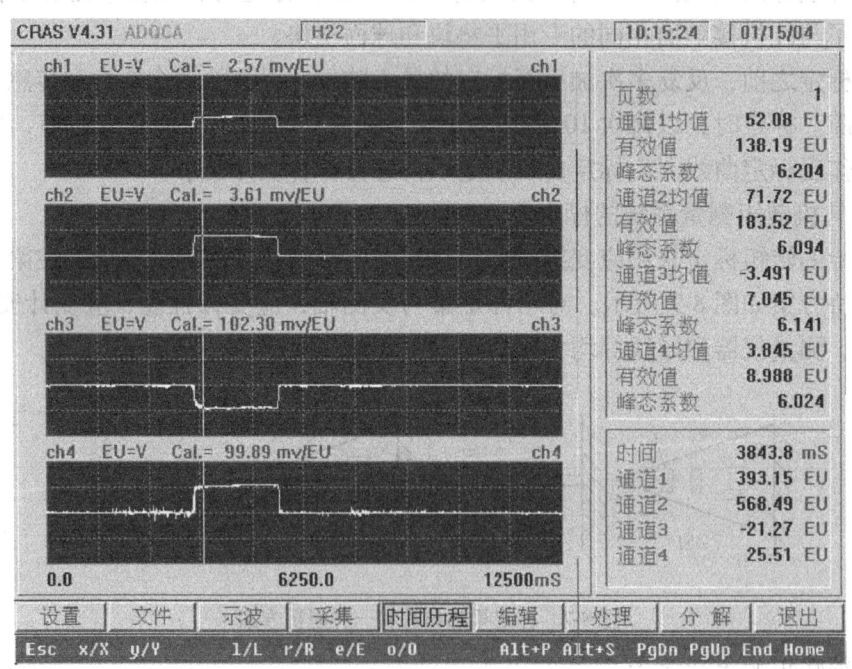

图 8-8　计算机显示的典型示波图

通过对多次测量的示波图分析，得到的主要结果如下：

（1）最大轧制压力

最大轧制压力出现在轧制黄铜的第 3 块板第 2 道次，其值为 11580kN，轧制转矩为 56.7kN·m。此时的电动机电流为 6000A，出现了堵转现象。

(2) 最大轧制转矩

最大轧制转矩出现在第1块板青铜轧制的第8道次,其值为596kN·m。此时,轧制压力为4640kN,电动机的电流为5800A。

6. 思考题

1) 力传感器的结构设计主要应考虑哪些问题,本实验采用的8个应变计均布和全桥的布片和组桥方式有何理由?

2) 工程中常用的传动轴转矩信号的传输方式有哪些,它们主要适用于哪些场合?

8.2 车辆载荷的测试

8.2.1 载荷谱测试的目的和意义

使用寿命与安全可靠性是评价车辆质量的重要技术指标。目前,这些指标主要是通过一定数量的台架实验和理论计算确定的,无论是台架实验还是理论计算,其结果都依赖于所施加载荷的合理性与正确性。根据车辆全寿命周期的实际使用情况,通过实测的方法,获得各种工况下结构零部件的真实载荷—时间历程,作为典型零部件疲劳实验和理论计算的依据,是保证得到正确的实验和计算结果的重要环节。

车辆在行驶中受到随机载荷的作用,其载荷在不同路面、速度等工况下有明显的差别。根据不同工况对使用寿命的影响,选择典型工况,制订合理的实验程序,实测载荷历程,然后,对大量载荷历程进行加工整理,就可以得到载荷谱。这个载荷谱代表车辆在其整个寿命周期中的实际载荷情况。有了载荷谱,可以在很短的时间内,完成车辆长寿命周期内的疲劳试验,对于改进产品的设计和制造工艺有重要的意义。

载荷谱测试中,有很多需要研究的课题,要根据实际载荷历程的特征,参考有关的技术标准和国内外车辆载荷谱、飞机载荷谱的编制方法与原则,采用载荷历程的数据压缩技术,编制成容易复现的载荷谱。在典型工况下测量实际的载荷-时间历程,是载荷谱测试的最基本的工作任务。

8.2.2 实验22 摩托车载荷谱的测试

1. 实验目的

在摩托车的典型工况下,测试如下项目:

1) 实测车架典型部位的随机应力、应变载荷历程,为结构设计提供依据。

2) 测试车体的振动载荷历程,为疲劳和寿命试验提供载荷谱。

3) 测量驾驶员身体的随机振动历程,考察车体的减振性能。

道路试验在长春汽车研究所的农安汽车试验场进行,参照有关摩托车疲劳与寿命试验的国家标准,选择平坦水泥路、一级柏油路、二级柏油路、角度路和强化路五种典型路面。摩托车道路试验的里程与行驶速度的分配见表8-2。

表 8-2　摩托车道路试验的里程与行驶速度的分配

行驶速度/km·h^{-1}		15	20	25	35	40	50	60	80	合计
行驶里程/km	水泥路		6			8		6		20
	一级柏油路		3			4		3		10
	二级柏油路		3			4		3		10
	大角度	3	4	3						10
	小角度	3		4	3					10
	强化路	12			12	16				40
	总计									100

2. 测试仪器

被测设备为钱江 QJ125-U 型摩托车。

主要仪器为便携式数据采集仪，采集结束后，把测量数据传输到计算机，进行数据的分析处理。对数据采集仪的性能要求如下：

通道：加速度测量 8 通道，自动平衡应变测量 8 通道，各通道同步采集和存储数据；

记忆示波器：信号的记录、重放和数据清零等，当采样频率为 512Hz 时，可以存储记录 30min 以上的 16 通道数据；

电源：12V，4Ah 蓄电池，连续工作时间大于 4h；

抗振性：能承受 $100g$（$g = 9.8m/s^2$）的振动；

使用温度：$-10 \sim 40℃$；

抗混滤波器：截止频率为 1000Hz；

增益选择：加速度测量通道的增益有 1、10 和 100 三档，应变测量通道的衰减有 1、5 和 20 三档；

测量范围：加速度为 $\pm 50g$；应变为 $\pm 10000 \mu \varepsilon$；

操作性能：可以手动触发，与计算机进行数据通信；

附件：配微型电桥盒等；

仪器性能稳定、抗干扰，精度符合国家普通测振仪器标准。

应变测量传感器采用箔式应变计，其标矩为 $3 \times 5 mm^2$，公称阻值为 120Ω；加速度测量采用 9101 型加速度计，配 3m 长的专用输出电缆。

3. 测点的选择和测量原理

（1）应变的测量

钱江 QJ125-U 型摩托车应变测点的布置如图 8-9 所示，其中测点 1、2 和 3 组成三角形应变花。每个测点均为单工作片方式，需要配置温度补偿板，并且全部采用半桥接法。应变测量系统的组成如图 8-10 所示。因为测点数为 12，而数据采集仪只有 8 个应变测量通道，所以需要把测点分成两组，分别测量。测量时，利用一个通道输入标记信号以便区分不同的工况。

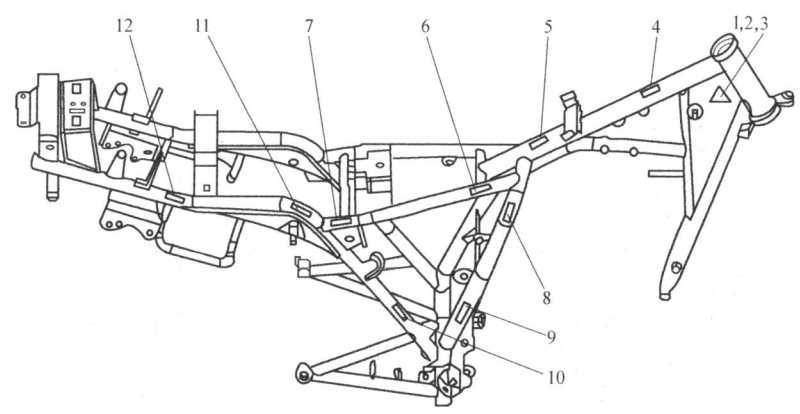

图 8-9　钱江 QJ125-U 型摩托车应变测点的布置

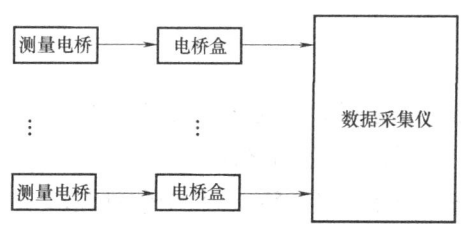

图 8-10　应变测量系统的组成

采用的应力计算公式如下：

单向应力为

$$\sigma = E\varepsilon$$

三角形应变花的主应力为

$$\begin{cases} \sigma_{1,2} = \dfrac{E}{3(1-\mu)}(\varepsilon_0 + \varepsilon_{60} + \varepsilon_{120}) \pm \dfrac{\sqrt{2}E}{3(1+\mu)}\sqrt{(\varepsilon_0-\varepsilon_{60})^2 + (\varepsilon_{60}-\varepsilon_{120})^2 + (\varepsilon_{120}-\varepsilon_0)^2} \\ \alpha = \dfrac{1}{2}\arctan\dfrac{\sqrt{3}(\varepsilon_{60}-\varepsilon_{120})}{2\varepsilon_0-\varepsilon_{60}-\varepsilon_{120}} \end{cases}$$

式中　E,μ——材料的弹性模量和泊松比，$E = 2 \times 10^5 \mathrm{MPa}$，$\mu = 0.3$；

　　　ε——应变的测量值，其下标表示应变计方向偏离水平线的角度值；

　　　α——σ_1 的方向偏离 0°应变计的角度值。

（2）车体加速度的测量

在前轮轴和后轮轴，各配置一个水平和垂直安装的加速度计，其安装方式如图 8-11 所示，通过接头固定在车轮的轴头上。

（3）人体加速度的测量

测点分别设在驾驶员的手腕、腿部和腰部，还有一个在车座上，四个加速度计均为垂直安装。

加速度测量正好占用数据采集仪的八个通道，所以在测试过程中，测量的样本数可

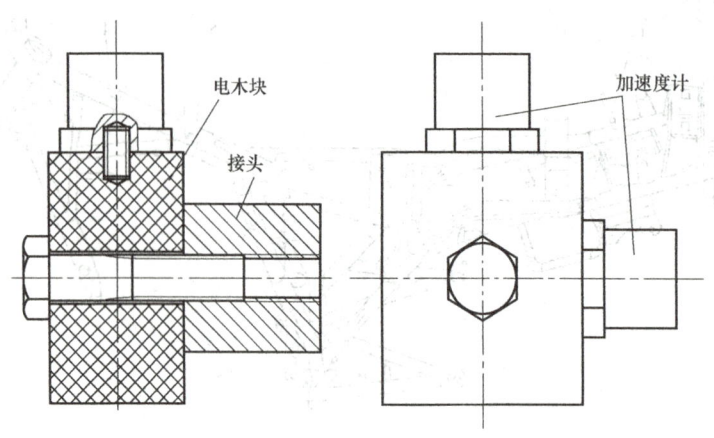

图 8-11 加速度计的安装示意图

以是应变测量样本数的两倍。

4. 测试方法

应变测量系统采用标准应变模拟仪校准。加速度测量系统的校准采用手持式加速度校准仪，参考振级为 $1g$，校准频率为 79.6Hz。

测试过程中，摩托车的载重量为 75kg，其中包括驾驶员体重、仪器设备和附加质量等。测试按照预定程序进行，首先进行预调平衡和清零操作，然后启动车辆。在测试道路起点，驾驶员手动触发数据采集程序，并在各种工况的起点，触发标记命令。

数据采集仪中含有海量存储模块，可存储路面测试数据，要在存储器存满之前停止行驶，把数据传送到笔记本电脑中。

5. 实验报告（测试结果与数据处理）

（1）应力测试

通过应力测试数据的分析得到了典型工况下的应力分布情况。最大应力发生在二级柏油路 60km/h 工况下的测点 12，应力值为 367.8MPa，并且该点在测试过程中发生了断裂。

（2）加速度测试

车体振动的最大值发生在强化路 35km/h 工况下的前轴垂直加速度计，其值为 $18.53g$。

人体振动的最大值发生在二级柏油路 60km/h 工况下的车座位置，其值为 $8.19g$。

（3）载荷谱分析及处理

对四个车体振动测量传感器的信号进行载荷谱分析，按照测试路面的分布比例进行组谱。组成的车辆载荷谱是在某一位置（前轴水平、后轴水平、前轴垂直和后轴垂直）的不同速度和路面情况下的路面信号的总和。数据压缩的原则是选取总和信号最大值的 20% 作为门槛值，数据以块为单位，每块数据为 1024 点。

6. 思考题

1）对于移动设备的测试，如何计算所需的存储器容量？

2) 对于被测设备的发动机点火时可能产生的电气干扰，在选择或安装加速度计时应如何考虑？

8.2.3 实验23 摩托车前叉部件的应力测试

1. 实验目的

钱江 QJ100-4 型摩托车在使用中，车把与前叉连接处的铁板出现断裂现象，为了查找故障原因，对该车型进行道路试验。测试任务主要是对前叉部件进行应力分析。

2. 实验设备

同实验22摩托车载荷谱的测试（除了加速度计）。

3. 实验原理

估计试件的应力分布情况，在应力较大的部位布置测点。共设置6个应力测点，如图8-12所示，其中点5为应变花，点2为相对应的双工作片，其余各点为单工作片，全部采用半桥接法。

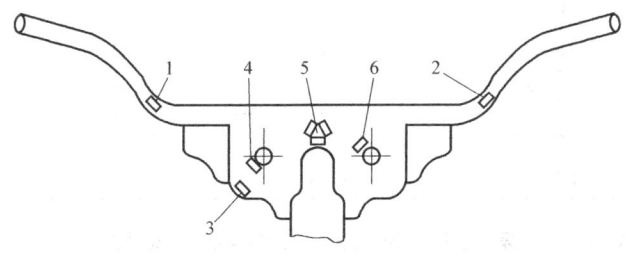

图 8-12 应力测点的选取

测量系统的组成和应力计算方法参见实验22摩托车载荷谱的测试。

4. 实验方法

实验方法见8.2.2节，道路试验在长春汽车研究所的农安汽车试验场进行，试验程序见表8-3。

表 8-3 摩托车前叉部件的试验程序

路面类型	行驶速度/km·h^{-1}	说　明
一级柏油路	50, 70	试验中采集急刹车的数据
二级柏油路	40, 60	两项试验连续，循环两次
强化路	25, 35	

对测点5通过三角形应变花的测量值计算最大主应力及其方向，参见8.2.2节。

5. 实验报告

一级柏油路应力测试结果的统计见表8-4。

表 8-4 一级柏油路应力测试结果的统计

测点	最大值/MPa	最小值/MPa	平均值/MPa	标准差/MPa
1	43.52	-45.9	10.82	12.60
2	63.44	-24.94	2.90	12.90
3	18.58	-47.76	-13.08	8.92
4	46.44	-22.02	13.02	9.12
5 (σ_1)	118.79, 45°	-1.52	8.38	22.85
6	55.2	-66.88	-7.68	17.42

二级柏油路+强化路试验第一次循环和第二次循环的应力测试结果的统计分别见表 8-5 和表 8-6。

表 8-5 二级柏油路+强化路第一次循环应力测试结果的统计

测点	最大值/MPa	最小值/MPa	平均值/MPa	标准差/MPa
1	38.74	-83.6	-9.96	5.62
2	96.72	-39.14	7.26	5.44
3	66.88	-91.28	-9.2	6.66
4	98.18	-61.30	11.5	7.22
5 (σ_1)	254.82, 45°	94.71	1.88	13.27
6	157.10	-206.46	-27.88	15.12

表 8-6 二级柏油路+强化路第二次循环应力测试结果的统计

测点	最大值/MPa	最小值/MPa	平均值/MPa	标准差/MPa
1	51.22	-80.14	-2.84	5.86
2	76.30	-69.26	-2.88	5.90
3	88.36	-122.60	-6.46	7.10
4	137.70	-70.60	6.66	7.66
5 (σ_1)	371.33, 45°	159.16	7.34	15.12
6	232.20	-299.86	-21.24	16.16

6. 结论

1) 试件在高应力状态下工作,被测材料为 08F,其屈服极限为 $\sigma_b = 300$MPa,弹性极限 $\sigma_s = 180$MPa。在一级柏油路急刹车和强化路的工况下,应力超过屈服极限。

2) 应力测点不一定贴在最大应力处,有必要采用有限元法进行全面分析,确定应力最大点。

3) 故障的主要原因是应力过大,建议对该部件的结构进行改进,并用有限元法作进一步的分析。

7. 思考题

应变测量结果的不确定度主要是由哪些因素造成的?

参 考 文 献

[1] 张洪亭,王明赞. 测试技术 [M]. 沈阳:东北大学出版社,2005.
[2] Anthony J Wheeler, Ahmad R Ganji. Introduction to Engineering Experimentation [M]. 2nd ed. New Jersey: Prentice Hall, 2004.
[3] 王伯雄. 测试技术基础 [M]. 北京:清华大学出版社,2003.
[4] 张思. 振动测试与分析技术 [M]. 北京:清华大学出版社,1992.
[5] Multisim user guide, 2007.
[6] 全国法制计量技术委员会. JJF 1001—1998 通用计量术语及定义 [S]. 北京:中国计量出版社,2004.
[7] 中国机械工业联合会. GB/T 18459—2001 传感器主要静态性能指标计算方法 [S]. 北京:中国标准出版社,2004.
[8] 仪器仪表元器件标准化技术委员会. GB/T 7665—2005 传感器通用术语 [S]. 北京:中国标准出版社,2006.
[9] 全国机械振动与冲击标准化技术委员会. GB 2298—1991 机械振动与冲击 术语 [S]. 北京:中国标准出版社,1992.
[10] 全国汽车标准化技术委员会. GB/T 5374—2008 摩托车和轻便摩托车可靠性试验方法 [S]. 北京:中国标准出版社,2009.

读者信息反馈表

尊敬的老师：

您好！感谢您多年来对机械工业出版社的支持和厚爱！为了进一步提高我社教材的出版质量，更好地为我国高等教育发展服务，欢迎您对我社的教材多提宝贵意见和建议。另外，如果您在教学中选用了本书，欢迎您对本书提出修改建议和意见。

机械工业出版社教材服务网网址：http://www.cmpedu.com

一、基本信息

姓名：_____ 性别：_____ 职称：_____ 职务：_____
邮编：_____ 地址：_____
任教课程：_____ 电话：____—_____（H）_____（O）
电子邮件：_____ 手机：_____

二、您对本书的意见和建议
（欢迎您指出本书的疏误之处）

三、您对我们的其他意见和建议

请与我们联系：

100037　机械工业出版社·高等教育分社　刘小慧　收
Tel：010—8837 9712，8837 9715，6899 4030（Fax）
E-mail：lxh9592@126.com